經營顧問叢書 ㊱

高效率的會議技巧

陳立航　黃憲仁　編著

憲業企管顧問有限公司　　發行

《高效率的會議技巧》

序　言

　　「人人都不喜歡開會」往往成為一些經理人拒絕會議的理由，這個問題很複雜。

　　一提到會議，上班族就不由得聯想到冗長的高談闊論，東拉西扯的閒聊，冷嘲熱諷，漫無邊際的抱怨，推諉責任，浪費時間……相信你一定有過這樣的體驗：你非常不情願地參加會議，又非常沮喪地離開會場！

　　企業總是抱怨自己沒有時間開會，除了會議太多、太長和無效率，其實是「會議缺乏效率」的緣故。

　　但從另一方面看，如果會議利用得好，變得有用、有效，將完成組織內部的高效溝通，為資訊傳達、資源互補、感情增進具有積極作用，綜合而言，一個有效的會議，必定極大地促進企業運營的效率。

　　會議能否開得有效、高效，不只影響到你的工作成績，更決定你的升遷之路，最後會影響到公司整體運作的效率。

　　本書原是企管培訓班「企業會議管理」授課教程，蒙企業喜

愛，已開立 20 多期。本書是為企業「如何開會」的專書撰寫，指出會議效率不佳原因，並具體提出改善對策。本書重點，先分析會議的運作方式、如何籌畫會議、安排議程，其次介紹主持會議的各種具體實務技巧，再來是介紹當你參與各項會議時，你應有的準備、參與、發言、討論技巧。會議結果必須有結論，當會議結束後，重要工作是追蹤工作會議成效。

本書是作者多年的企業顧問師工作經驗，圍繞實際會議工作中所涉及的關鍵環節，從會議準備、與會者要求和會議管理、會議效率等方面及其相互關係切人，展示一個完整的會議管理需要注意的種種問題要點，幫助讀者在運作中，提高會議效率，達到公司業績的倍增！

本書是為各種企業撰寫「如何開會」的專書，本書第一章先指出會議效率不佳原因，並提出改善對策，其次是分析會議的籌劃運作方式、如何籌畫會議、安排議程等，第三章是介紹身為會議主席在主持會議的各種具體實務技巧，第四章是當你參與各項會議時，你應有的準備、參與、發言、討論技巧；第五章是會議結束後會議紀錄、工作跟催；第六章是介紹大型會議的策劃；第七章是會議的後勤工作；第八章是合理安排議程；第九章是會議後的工作評估；最後一章是各種實務的會議管理辦法。

本書極適合各部門主管、企業人員閱讀，熟讀本書必可增加你的會議管理能力，進而提升管理績效。

高效會議，就從閱讀本書開始吧！

2019 年 11 月

《高效率的會議技巧》
目　錄

第一章　為何要召開會議 / 10

　　會議是解決問題的極其有效的方法，開會首先要弄清楚開會目的，要突出會議日程的安排和會議的目的，最終達成有效共識。要避免無謂而冗長的會議，切勿將開會變成一種負擔。

第二章　如何籌備會議 / 36

　　減少或變更會議的規模、內容、形式，改變會議過多現象，管理工作才能真正有效率、有質量。有針對性地消除那些降低會議質量的不利因素，創造有利於提高會議質量的因素與條件。

第三章　如何主持會議 / 81

會議主持人是會議的核心角色，承擔著完成會議規定的任務、實現會議目標的責任，在會議中，直接影響到會議的成敗。掌握開會的技巧，有助於解決會場上的各種意見衝突，提高會議成功率。

第四章　如何參加會議 / 147

　　參加會議人員要做好開會前的準備,要明確會議目標,積極發言,開會要掌握最好的發言時機,活用數據,提出意見,加強與會者之間的交流。

第五章　會議記錄與工作跟催 / 191

　　會議記錄是為了避免忘記和方便籌劃工作，會議的過程、結論都要做記錄，而且在會議結束後還要將其轉化為列印記錄，會議記錄有著傳遞信息的作用。

第六章　大型會議的策劃 / 207

　　完滿的會議需要精心地策劃，開會的規模、時間、場所、人數、會議進程、氣氛調節、發言內容、最終目標等各個環節都影響著會議的順利進行。

第七章　會議的後勤工作 / 226

　　會前的準備工作、會議文件、會場的佈置這些都是後勤工作，可謂多而細，必須有章可循。尤其是會議的效果常常受到會議場所的影響，週邊環境、座椅的舒適程度、會議室的大小、照明、音響佈置等等都必須按照預定的步驟、程序，需要各部門齊心協力，共同完成。

第八章 合理安排議程 / 271

議程是會議的程序表，有助於與會者瞭解開會的目標。議程表上每項議案的排列次序很重要，需要立即做結論的排在最前面，可以留待下次再議的排在後面，這樣才能推進會議的高效進行。

第九章　會議後的工作評估 / 296

　　會議也是需要評估成本的，針對會前、會中、會後三個階段
進行，重點評估會前和會中兩個階段。會議的評估和總結對與會
人員同樣具有重要意義。

第十章　附錄 / 318

第 一 章

為何要召開會議

1 這些會議無效

究竟是何種原因讓會議無法取得預想的效果？只有找出那些影響會議效率者，才可以尋找方法逐個消滅它們。

1. 主題不明確

會議的發起者並沒有想清楚「為什麼要開會」，他只是模糊地認為，有些事情需要大家聚到一起商量一下，而對於會議的主題、目的則缺少認真的思考。他們經常說：「既然大家都在，就看看討論什麼問題？」與會者更是丈二和尚摸不著頭腦，在會議室耽誤了大半天的時間，卻不知道會議究竟要做什麼！

主題不明確的表現，是會議總是遊離主題，無法緊密圍繞既定的主題展開會議。這種現象就是我們常說的「跑題」。跑題現象是導致會議時間延長的重要原因。幾乎所有人都對這一點感同身受而且深惡痛絕。當會議由一個主題變成多個主題的時候，大家的時間和

精力就被瓦解在零散的討論中，而會議的真正目的卻沒有達成。

2. 議而不決

會議的成果是形成決定、決策。決策需要擁有決策權的人才能做出。如果一場會議的過程無懈可擊，達成了共識，卻因為決策者不在場而無法做出決策。人們離開了會議室，一切依然如故。因為缺乏正式的決策，誰也不敢輕舉妄動，這樣的會議結果令人惋惜。

3. 缺乏具體議程

議程是指會議進行的程序。議程在會議開始之前就規定了會議依照什麼程序進行，即先討論什麼，後討論什麼。在議程的提示下，會議就可以按部就班、有條不紊地進行，不會出現顛倒順序、重覆內容、隨意插接等不良現象。而缺乏具體的議程或者議程不合適，就有可能出現混亂的情況——與會者覺得會開得沒頭沒腦，可能會遭遇不知所措的尷尬處境，想不起下一步該做什麼。

4. 選擇錯誤的與會者

正確而聰明地選擇與會者，是高效率會議的必備因素。很多會議邀請了無關緊要的人，卻忽略了重要人物，尤其是決策者。如果決策者不在會議現場，會議就有必要取消，因為即使召開了，也無法取得結果。如果同時邀請兩個對立部門參加會議，很可能會激化兩部門之間的矛盾。如果邀請兩個觀點迥異卻又不輕易妥協的人參加會議，就有可能令會議無果而終。

與會人數的多寡也直接影響著會議的成效。與會人數過多，不僅增加了會議成本，而且增加了組織會議的難度，不利於達成較為一致的會議結果。

5. 規則不清晰

所謂會議規則，就是會議展開過程中遵循的約定、規定。例如，

與會者發言的順序如何安排？需不需要分組討論？陳述意見的方式是口頭還是書面，是公開還是匿名？這些規則構成了團隊的交流機制，如果它們不存在，那麼，會議將變得一團糟。就像不存在足球規則就不可能進行足球比賽一樣。當會議主持人宣佈「開始討論」的時候，大家面面相覷，誰也不願意先說話，會場一片沉默——這就是缺乏會議規則的結果。

6.引導不得當

抱怨、牢騷、爭吵、人身攻擊……這些都是我們極不願意在會議上發生的事情，可現實卻不盡如人意——總是有為數不少的會議變成了組織內部矛盾的源頭。釀成這種悲劇的重要原因是主持人缺乏正確的引導會議的能力。

會議引導者必須設法帶領大家奔向最終的目的地，而不是踟躕於半路、在無關緊要的事情上爭論不休、在某一細節上過分計較導致矛盾擴大化等。引導者的作用就是指引大家用最小的代價、高效地達成會議目的。然而，不稱職的會議引導者比比皆是，他們缺乏經驗、控場能力不足、引導技巧匱乏，更糟糕的是，他們普遍缺乏正確引導會議的意識。

7.會後跟進缺失

會議形成的決策落實了嗎？這恐怕是令所有與會者最為失望的問題。事實上，會議成果能夠得到10%的貫徹執行並且富有成效，就已經令人慶倖了。人們一旦走出會議室，就已經將會議內容忘記了大半，執行的只是一小部份，取得成果的又是更小一部份，最後我們無奈地發現，召開會議對實際工作的進展並沒有什麼意義，這就是我們對會議失望的最重要的原因。

會議為何沒有效果

一、會議前

1. 欠缺目標。

2. 目標不明確。

3. 欠缺議程。

4. 與會人選不當；與會者太多；與會者太少。

5. 會議時間不當。

6. 開會之通知時間不當；太早通知開會；太晚通知開會。

7. 開會通知之內容欠週詳。

8. 會議地點不當。

9. 會議場地設備欠佳。

10. 與會者無備而來。

11. 未訂明會議之終止時間以及每一議案之時間分配。

12. 會議不準時開始。

13. 會議太多，與會者一聽說要開會，無不感覺不勝其煩。

14. 向來太少開會，致使每次會議之議案過多。

二、會議中

15. 外界之干擾。

16. 從事交誼活動。

17. 與會者離題。

18. 主席離題。

19. 讓沒有必要留在會場之與會者留在會場。

20. 猶豫不決。

21. 資料不充足，卻貿貿然下決策。

22. 少數人壟斷會議。

23. 與會者之間交頭接耳。

24. 與會者不表明真正感受或意見。

25. 與會者之間爭論。

26. 與會者與主席爭論。

27. 視聽器材發生故障。

28. 與會者欠缺熱心。

29. 會議超出預定時間。

30. 主席未能歸結會議之成果。

三、會議後

31. 欠缺會議紀錄。

32. 不對決議事項進行追蹤。

33. 不對會議之成敗得失進行檢討。

34. 不解散已達成任務之委員會或工作小組。

35. 與會者對會議感到不滿。

2 天天忙開會的怪現象

　　會議對一個公司來講是不能免的，可是都覺得太多。一開會，半天、一天的時間很快就過去了，如果是各地方召集人來開的會議，有時候還一連要開兩三天。會議繼續開下去的話會使人陷入被忙碌的工作迫著的錯覺，而實際上甚至於連會議決定的事付諸實施的時間都沒有。不但如此，如果不去管它的話，會議還要一直增加。公司的規模大起來的話，自然會議的數量也會增加。景氣不好，公司業績下降時，會議也會以各種名目增加。

　　可是會議數量多的公司、會議一直增加的公司、會議室很多可是仍然不夠用的公司，這些公司都不能說是「好公司」。反而，會議少的公司才比較有發展。到底為什麼會議會這樣增加呢？

　　會議多，可以說是表示不經過開會討論事情不能決定，也表示事不能進行（會議開了之後事情是否一定會進行那是另外的問題）。我們如果想到企業的組織，每一個部或課的組織，個個都按照所定的職務去遂行其工作，則業務就會照樣圓滑地進行下去，這是組織應有的表現。會議多，表示組織有缺陷或例外的、突發的事項太多。

　　例外事項的突發原是不能避免的，但是例外的事項過多，表示有深加研考的必要。例如將過去的例外事項加以整理，倘若同種例外太多，表示該種事項已經不能算是例外了。

　　事情都應該要能以某種形式用組織可以處理，所以會議太多的原因可說主要是由於組織上有缺陷。

　　關於企業組織上的缺陷問題，杜拉克先生的綜合見解示之如

下：世上有很多浪費，在經營方面也是一樣。宴會，週末的打高爾夫，禮貌上的送往迎來等都是其中之一，而最日常化的可以說是「開會議的浪費」。

當然，全部取消會議是不可能的，但是浪費的緩和倒是可能的。由於特殊的事情，也許有非開會不可的必要情形，但是全盤的會議太多，可說是組織運行不順利的預兆。

例如，以研究開發部門來講，所謂研究開發，嚴格地講研究與開發各不相同。而開發不是單純的研究應用，開發的領域才需要大的創造力，此時才需要將行銷、利益性、技術三者綜合起來。

因此，不將研究與開發混在一起，而將開發部門予以獨立或者附屬於行銷部門好像較為成功。

不然，研究開發部的創意移至生產部門到實際成為成品的期間，徒然拉長。而時間一再拖延下去，結果是因為被無用的無數會議所佔去。

◎第一是工作的重覆是否太多

很多部門之間的職務內容不明確或分掌不當。一項事分散到多個部門，同一種類工作，由二個以上部門來擔任。各種工作都有很多重覆的地方，自然為了工作的協調就必須開會。成長比較快，為了應付成長，無計劃性地擴張組織的企業這種情形很多。

◎第二是權責不明確

部經理或課長的責任及作決定的權限不明確時，與其他部門及課間的協調機會就增加，同時也產生決定責任分擔的必要。於是會議就成為其手段了。

像這樣權責不明確的公司裏，任何事都要與有關部門聯繫開會，彼此確認而進行工作。在這種公司內能夠比別人加倍留意去作

這種處理的部門主管被認為是有能力的人。相反地獨自判斷進行工作的人則被視為」越權，而遭受非難。

◎第三是命令系統未統一

部下聽命於唯一的上司這是原則。這個原則亂工作就混亂。受到雙重的命令而且其間內容又有不同時，受到此命令的部下一定會無所適從。

此時，該部課主管要與有關連的部課作意見協調，否則工作無法進行。此時會議也會被利用上，工作結果的報告也要協調以免鬧雙包。

◎第四是中間階層太多

隨著企業規模擴大，中間階層總會有增加的趨勢。如果增加得不平衡，則會使上下，下上的溝通不好，對方針的決定瞭解不明確的情形發生。同時，管理階層多起來也會使權限幅度狹小，結果導致責任不清楚。

常常會看到，由下而上的說明，要得到決定，須反覆經過所有各階層數的會議。

◎第五是職能遇於分散

職能過份地分散，當然需要尋找綜合的機能，於是會議就有必要了。

◎第六是制度與手續不完備

例如，報告制度或預算制度不很清楚，事務手續未確立，則在工作時，沒有作為基準者，於是每次都需召開會議。

如此由於組織上的缺陷，開會的機會就增加。但是想要用會議去彌補，其實是沒有辦法完全補得了。例如說，職務的內容未作充分檢討的組織，企圖以會議作工作的協調，其結果不是不顧一切地

反對強硬幹下去就是作適當的妥協，並不一定會得到滿足的決定。

因此，最後還是整備組織或制度。在經營管理上講這仍是一項先決問題，而配合其整備狀況，會議也會被慢慢加以整理。

◎第七是經營管理層欠缺決斷力

組織與制度再怎樣完備，如果負責組織單位(大單位為公司全體，小單位來講是一個課)的經營管理者欠缺優秀的判斷力與決斷力，不發揮其自己的權限與責任，則總會陷入依賴會議的情形。

但是在會議所決定的結果，實施不順遂時，其責任究竟在那裏？總不能說是「大家決定的」，所以是共同的責任。最後還是要歸責於組織單位的有權限者。

3 評估開會之目的

弄清開會的確切目的，可以幫助管理者決定是否真的需要開一個會議，而且還可以讓團隊知道這次會議能給他們帶來什麼。所以。無論什麼時候開會，請務必突出會議日程的安排和會議的目的。通常，在會議室裏開市場營銷會議時，會議的組織者常會提前告訴我們開會需要取得何種效果，能夠解決什麼問題，而且常常會提醒我們檢查會議的日程。

1.開展有效的溝通

實現有效溝通是會議的一個主要目的。要想通過會議解決問題，就要有良好的溝通，其中包括陳述和傾聽。

(1)陳述

良好的陳述是達到會議目的的催化劑。在會議陳述中，主要包括兩個方面：一是會議主持者的陳述；二是與會者的陳述。會議主持者的陳述應力求讓每一位與會者都能領會本次會議召開的主旨。並力求使大家達成共識。這裏，要求陳述時既簡明扼要又打動人心。陳述不宜時間過長，以能表明意思為要。與會者的陳述則要分為不同的情況，有的與會者會主動地為表達與會議主旨不一致的意見而陳述，有的與會者則是在會議主持人的鼓勵下為發表自己的新見解而陳述；有的則是為討論會議既定的議題而陳述。不論何種陳述，都應該有理有據，這樣的陳述才能被他人所理解，從而達到溝通的目的。

(2)傾聽

會議的主要目的是解決問題，溝通資訊。有效的傾聽正是有效溝通的開始。有些人覺得某個問題自己知道得更多，就斷然中途接過話頭，不顧對方的想法而自己發揮一通，這同樣是達不到有效溝通的目的的。聆聽是褒獎對方談話的一種方式，無形中就能提高對方的自信心，加深彼此的感情，創造和諧融洽的氣氛。

傾聽，首先是表現在行動上的「傾聽」，其次是表現在心理上的「理解」，前者是溝通的技巧，後者是溝通的一種思維方式。

2.解決衝突或問題

會議，即聚眾議事，管理者有組織、有目的地把系統內有關人員聚集起來商討問題，有效地調節各種矛盾，達到解決問題的目的。對於工作的矛盾和衝突，運用座談、對話、協商等會議形式，往往會收到事半功倍的效果。

圍繞需解決的問題，我們就能清晰地看到各個環節對會前準備

工作提出的要求。例如，一個產品改進的會議，只需要銷售部門、市場部門和生產部門參與，則無須舉辦全公司大會，並在會前做好相關產品的信息整理即可。

3.資訊交流

信息交流是會議的另一個主要目的。由於信息的不對等，以及信息的不斷更新，在組織運營中，大量的信息需要及時、有效地進行傳遞，而開會能夠實現多人之間的同時溝通，在會議上，我們可以更為直接、高效地進行信息傳遞，溝通有無，於是會議成為信息交流的重要手段。

很多常見的會議都是以信息交流為主要目的，例如產品發佈會、成果交流會、專題講座和沙龍等，這些都是以信息交流為主的會議種類。

達到資訊共用這個目的的方法有很多：留便條，打電話，發E-mail。但在一些特定的情況下，會議是一種最有效的傳遞資訊、達到資訊共用的方式。會議的形式和特點決定它能在同一時期內，將會議上的有效資訊傳遞給盡可能多的需求者。

通過會議，我們可以達到資訊共用的目的，但這不是達到這一目的的惟一途徑。我們要根據實際情況選擇適當的方法來達到資訊共用這一目的。

4.作出決議

會議是一項由三個或三個以上人員參加的活動。在這樣的活動中，與會人員共同討論問題，制定解決問題的有效方法，在這種情況下，方法的制定，決策的通過就會相對容易得多。

5.解決問題

俗話說：「眾人拾柴火焰高。」會議的確是解決問題的一種極其

有效的方法。與會人員可以在同一時間和同一空間內就同一問題各抒己見，將自己的認識、看法、意見、建議、觀點、態度等等表達出來，經過討論，達到解決問題的目的。

開會佔用了大量時間，許多會議是毫無成效的。開會是很繁瑣的。儘管希望能夠作出決策，但會議至今還依然存在，我們同樣要學會適應開會。是否要舉行會議現已不成問題，問題是如何最好地利用會議。

會議是要使人們達成有最低共同點的協定，其目的是妥協，而不是各行其是。

當我們開會時，我們都有達成某種協定的強烈感情和要求。而結果是，人們為了達成這一協定就要對某些要求妥協。當然，這種求同的後果並不都是很糟的。它可抑制激進的設想，使集體不會倉促行事。

開會時，個人的責任是覺察不到的。與會者覺得，責任要由出席會議的所有成員承擔，正如事實經常表明的那樣，「大家的事不是事」。結果沒有人承擔責任，這在某種程度上限制了會議的作用。

儘管有這些弱點，會議依然是我們的經營活動和社會生活的重要部分。它起著其他手段都起不到的重要的、不可取代的作用。

瞭解了會議的利弊，有助於你作出恰當的選擇：某個會開還是不開、取消不必要的會議，消除多餘的協商和討論。

6.激勵士氣

聰明的主管明白，舉行會議，面對面的溝通、交流能激發下屬的工作熱情，對下屬產生激勵士氣的作用。公司召開會議的過程，能夠增強工作人員的參與意識，經由他們完成各項工作而產生的滿足感，對提高員工士氣大有裨益。

7.宣傳政策

　　當一位主管準備將既定的政策傳達給部屬的時候，他可以採取三種途徑：第一、書面宣傳；第二、面對面個別宣傳；第三、憑開會宣傳。書面宣傳雖然最符合經濟原則，但卻不如面對面個別宣傳那樣有說服力，因為若採用面對面方式，主管可根據每位員工特點以調整其宣傳方式。至於接受會議形式與否，最主要考慮在：與會者之間的交流是否足以產生良好的說服效果。假如主管認為交流有利於說服效果提高，則採用開會宣傳方式；但若主管認為可能導致與會者矛盾，則寧可採用面對面個別宣傳或書面宣傳方式。

4 會議的分類

◎以傳達命令為真意

　　開始時以會議的名義召開，突然當場宣達命令，參加者完全只有聽命令的份。

　　召集了會議而在會中下達命令的上司，雖然說「有問題請不要客氣，提出來！」但是那種氣氛，總是讓人感覺到是不許發問的。此時禮貌上或情面上，有二、三個問題被提出，已經是很好了。至於導入自由討論的事，開始就無此預定的。假使有人不識大體而提出意見，可能會被視為是在違抗命令。

　　這種會議以獨裁經營者居多，董事長對各董事，管事的董事對部經理們，經理對各課長，以下照順序由上而下，以直線方向的命令被傳達下去。

以參加者來講，只要照上司的命令去實施就可以，所以如果說輕鬆，的確是較輕鬆。因為假使是照命令去實施，而結果不理想時，則責任完全不歸於你。

可是，命令的內容有不妥當而仍照命令去實施，以致發生與期待相反的結果時，責任該由誰來負擔呢？大概獨裁者一定會追究沒有實行命令的責任吧。

本來，下命令是不必要開會議的，只要董事長對總經理，總經理對部經理，部經理對課長……一層一層地將命令下達，直到最終實施命令的經辦人就可以了。

事情在未成為命令發佈的前階段，才有需要開會議來討論。待討論到有結果，才形成命令。這才為正常的順序。

◎為了聯絡協調而召開會議

當要實施某一項計劃時，各有關部門都有齊一步調實施之意時，當然必須開會聯絡協調。因為有一部份部門衝得太快雖然不好，但是如果有的部門只期待他人，自己則吊兒郎當滿不在乎也很傷腦筋。

所謂齊一步調，並不是「開始」一聲令下，各部門都要同時開始進行，而是要明確地規定要完成一件事，須在何地，何時，做什麼。

正像在工廠要製造產品時，須有工程管理或日程管理一樣，可以說是要有系統地提高效率。因此，這個系統有勉強就不會進行得很圓滑。如果有某部門負擔過重時，當然會產生不平，所以必須要有協調的機能。如果遇到協調發生困難時，有時會將問題提到高一階層去。

公司規模大時，這種協調會議就會多。有些公司還有常設專司

協調的部門，有些公司沒有經理會議或課長會議等。這種會議並不是僅限於有關部門的人參加，而是網羅所有各相同職位者參加的會議，也可以說是一種聯絡性會議。但是這種會議，因為目的不明確，總是容易變成「開店休業」(店是開了但無生意)的情形。

當然，也有公司按事情的不同，分別規定須經過經理會議審議通過或課長會議通過。這些規定及作法究竟有多少實際效果，實有讓人懷疑。

這種階層橫向面的會議，寧可說是以想法統一為目的，或乾脆說是為了全公司的問題情報交換會議較為適宜。

◎以收集情報或聽取意見為目的的會議

這種會雖然不可以說是會議仍有疑問，可是實際上是常有的集會。有時由部門主管召集的以部門為單位的會議，也有超越部門界限，由相當地位的人召集有關人員舉行。

不管是誰召開的會議，這種會議一定是先設定了議題，而以情報收集或聽取意見為目的，否則焦點不明，毫無意義。對自己所抱的問題，從部下或有關人員去收集情報或求取意見，是有責任的管理者常有的舉動。

為了避免太主觀及情報或意見的偏頗，召開會議商量才有意義。自己認為有必要時，應該不必客氣多召集會議。只是，開這種會議的時候因為目的不再討論或作決定，故參加者對有人在提供情報陳述意見時，不宜插嘴作批評。整理情報或意見而作取捨選擇是主辦會議者的事，如果中途有了干擾會使好不容易獲得的情報或意見消失。

◎以作決策與起草為目的的會議

為了作決策而召開的會議當然是正式的。在這種會議所作的決

定，一定是要付諸實行，也就是將要成為命令而從相當的地方發佈到其他相當的地方去。

越是上階層，這種會議越多。當然，依照問題的大小，由各階層的會議去開會決定，最後以由上一階層的會議來作決定的情形為多。

作決定當然要比聯絡協調的重要度高，有時候因為馬馬虎虎隨便作了決定，導致不可挽回的情形也不少。因此，必須慎重將事，但是，只在會議上慎重絞腦汁有時候也不會有結論，所以這種以作決定為目的會議必須要有準備的階段。

資料必須齊全，也要有幾個腹案之類的準備。也就是在決定階段之前必須要先起草案。這種起草的工作常是由主辦部門來擬定，而由主辦部門負責召開會議。

◎委員會

委員會這種形式，是具有臨時的性格，其目的在於討論特定問題的解決方案，是屬於問題中心的會議。

這一類問題本來是由正式組織編制中的某部門負責處理的，可是因為問題的性質或大小，必須綜合各關係部門的意見作慎重仔細的檢討，或是屬於還沒有很適當的主辦部門來研討處理的新問題，為了因應此種問題而組成的協會即為委員會。

在委員會討論的問題有了結論之後，就將結論提交委員會所直屬的部門主管手中。委員會很多是直屬於董事長或總經理。

無論如何，會議結論的處理，不在委員會手中，原則上結論提出來之後委員會是變成解散的形式，因此說委員會是臨時性的，但是，不要以為是臨時性的就可以有輕率的想法。

既然要組織委員會，當然要有負責的委員長，也要設置推動委

員會機能強有力的負責人或主辦部門(主辦部門平常由本來應該處
理該問題的部門或與該問題關係大的部門來擔任)。首先必須明確訂
定所要討論的問題、委員會的責任與權限以及提出結論的時間等,
這是非常重要的。不然委員會將陷於無責任狀態,並總是容易變成
開店休業狀態(店是開了可是沒有客人)。

另外,隨便設置委員會也是問題,遇到任何麻煩事,就交委員
會研議,有關部門則吊兒郎當滿不在乎的樣子,與之相呼應的是委
員會也不太感到有責任,機能也發揮不出來,委員會開會日也因各
委員的時間不便而延期再延期。

這樣開店休業的委員會只看到掛有很多委員會招牌,表示有很
多委員會存在,使人陷入有很多委員會在做事的錯覺,可說是一種
自我滿足。從外表看來好像很卓越優秀,其實都不過是「行政革新」
的對象罷了。

◎機能中心的會議

除了正式且定期性的股東大會或董事會之外,在公司經營活動
的推進上,日常最重要而且不可或缺的,有以經營機能(生產、銷售、
財務或人事)為中心的會議。

這種會議有定期的,也有不定期的。從推動經營活動上是不可
缺的意義上來講,可以解釋都是屬於正式的會議。但是也有時形式
上看起來是非正式的,例如:就生產方面來講,設計要如何?生產
數量該如何決定?工程計劃及日程計劃該如何編制?有很多問題,
尤其是新產品的生產,很多是要由會議來決定的。

銷售、會計、人事等方面也可以說都有相同的情形,因為這些
有關人員都要集合在一起舉行會議,所以是一件大事。

就「有關人員」來看,例如以日程計劃來說,當然是以負責編

排日程的人員為中心，但是受日程影響的生產部門的其他經辦人員
也會被動員起來。同進不單單是有關的經辦人員，他們的上司（課長
或經理）有時候也會被要求出席會議，也就是直的與橫的關係都會交
叉牽連在一起。

　　但是，日程計劃有時候也不能單由生產部門來決定。假如銷售
部門所要求的交貨日期不會受到影響，當然可以由生產部門來單獨
處理是不會有問題的。可是如果不能維持銷售部門所提出的顧客要
求的交貨日期，則生產部門必須與銷售部門共同去解決。在銷售部
門來講，延期交貨是否能得到顧客的瞭解是個問題，也是會不會失
去顧客的問題。

　　假使顧客同意延期交貨問題便簡單，但是平常沒有那麼容易，
通常顧客在契約未簽定以前都很有耐性，一旦契約成立，大部份的
人都是一天也要爭取。假如經過銷售部門的努力，雖然顧客同意給
予若干的寬限，但是生產部門也會被迫必須配合交貨日期重編有勉
強的生產計劃。有時候會引起設備的擴張或人員的增加，為了購置
設備或資材發生資金的準備問題。於是，便要與人事部門或財務部
門開會。這樣各部門間會議的結果，如果問題獲得圓滿的解決，當
然就很好。否則必須將問題提報上一階層的會議去決定。其決定可
能是某些地方作一些犧牲也要接這一筆定單，也可能乾脆以全體性
的觀點，拒絕此定單。像這樣，因問題的性質或輕重不同，主持會
議與參加會議的都會不同。也就是橫的關係的幅度會時寬、時窄。
上下階層之間也會一下往上，一下往下。同時，有時候橫的關係與
上下的關係交叉起來。

5 劃分會議類型

會議類型多種多樣，根據不同的劃分標準可以進行不同的分類。

按照會議規模（即參加人數多少）劃分，主要有四種：

①小型會議。人數少則三五人，多則幾十人，一般不會超過一百人。

②中型會議。人數在一百至一千人之間。

③大型會議。人數在一千人至數千人以上。

④特大型會議。人數在數萬人以上，例如節日集會、慶祝大會等。

按照會議性質和內容劃分，主要有五種：

①規定性會議。即法定的必須按期召開的各種代表大會。

②日常性會議。

③專業性會議。即為研究某項工作，討論和解決某個問題而召開的工作會議和專業會議。

④紀念性會議。即為紀念重大歷史事件或重要人物、重要節日而召開的會議。

⑤座談性會議。包括各種各樣的座談會、茶話會等。

會議還可以從時間上劃分、從會議階段上劃分、從開會手段上劃分、從開會目的上劃分和會議性質上劃分等多種種類。

· 按照時間劃分，可劃分為定期會議和不定期會議，還可以劃分為多次性會議和一次性會議。定期會議也叫例會，到預定時間如無特殊情況必須召開，不定期會議則視情況靈活掌

握，必要時隨時召開。多次會議是指需要開兩次以上的會議，一次性會議是指只需要開一次的會議。

· 按照會議階段劃分，可劃分為預備會議和正式會議。預備會議是整個會議的組成部分，是為正式會議做準備的會議，但在職權和效力上同正式會議有所區別。

· 按照開會手段劃分，可劃分為常規會議和電子會議。常規會議即傳統性的會議，電子會議指電視會議、衛星會議、電腦電話會議、電子電腦會議等。

· 按開會方式劃分，可分為團體會議、一對一會議、面對面會議、電話會議、視頻會議。

· 按開會目的劃分，可分為宣佈人事安排、講解政策的會議；當　表揚或批評別人的會議；臨時處理突發事件的會議；固定的團隊會議；集思廣益的會議。

以上所有這些會議又都可以分別歸之於正式會議、非正式會議和其他類型會議這三種會議之中：

1. 正式會議

正式會議是指合乎一般公認標準的或者合乎一定手續的會議。

如果會議規模較大、層次較高或者涉及公司的發展方針、策略時，則需要舉行正式會議。正式會議需要辦事人員根據需要預定會議室，發出通知，準備備忘錄，準備資料，做會議記錄，整理撰寫會議紀要，落實會議期間需要辦理的各項工作。

正式會議的種類有：年度大會、非常大會、董事會、委員會議、執行會議、常務會議、顧問會議、聯合顧問會議、法規會議等。

2. 非正式會議

非正式會議是相對於正式會議而言的，與正式會議相比，非正

式會議在程序規則上沒有正式會議複雜；一般在非正式會召開之前不需要舉行預備會議；有一些正式會議(如年度全體會議)，是要依法召開的，而非正式會議則沒有這個要求。非正式會議不像正式會議那樣有嚴格的程序規則的限制，在會議的組織及召開上都有一些自己的特點。

非正式會議一般包括部門會議、經理會議、情況介紹會議、進度會議和工作會議。

(1)部門會議

部門會議是各個部門內部召開的會議。通常是由部門主管召集，由部門的成員參加，有時邀請上級列席。會議的內容多是總結上一階段本部門的工作，並圍繞整個公司的規劃與總體計劃對下一階段的工作進行安排。

(2)經理會議

經理會議就是指企業中具有經理身份的人研究和決定企業經營管理事宜的會議。目的在於落實董事會已確定的企業目標和方針，並通過具體的管理經營活動體現出來。

經理會議受董事會議的控制，在不違背董事會所確定的目標和原則的前提下，有權決定和處理企業管理經營活動中所遇到的一切問題。

經理會議一般由負責全面工作的經理以例會的形式召集。也可由任何一名經理或領導提議召開，研究決定公司的重要決策、工作部署、上報文件等重要工作。

(3)情況介紹會議

情況介紹會議的規模多是中小型會議。會議形式多採取座談會的形式。一般由一個或幾個(屬於一個部門或系統)主要發言者進行

情況介紹，他們是資訊的發出者，會前要對發言的內容做充分的準備。其他與會者則主要是資訊的接收者，一般是針對主要發言者的介紹來提問或發言，會前不必準備好固定的發言稿。情況介紹會議一般不形成決議或結論。

⑷進度會議

進度會議就是報告工作進展情況的會議。進度會議屬於例會，定期召開。可以定為每週、每月或每季度召開一次，根據工作任務、性質的不同而有所不同。會議的內容主要是報告工作進度，並根據進度對原工作計劃進行調整。會議的目的是使與會者對工作的進度有所瞭解，以免工作失控。進度會議一般是由某項具體工作的負責人及相關人員參加。會議的情況將上報給上級主管部門。有時進度會議可隨同部門會議、經理會議或其他會議一起召開。

⑸工作會議

工作會議是指各級機關、社會團體、企事業單位為討論研究一個時期或一個方面的工作而召開的會議。工作會議的與會者一般是主管或主辦該方面工作的負責人。會議主要討論研究一個部門、一個地區在某一方面或某一領域的工作，面臨的形勢、任務和困難，以及採取什麼工作方針和策略推動工作前進等問題。工作會議一般規模不大，議題比較單一，會期不長，但研究問題比較深入，能起到促進工作的作用。工作會議除了採取普通會議的形式以外，還可以採取廣播電視會議和電話會議等多種形式。

3.其他類型的會議

除了正式會議、非正式會議而外，還有其他類型的會議，主要包括討論會、研討會、學術會議、演示會等。

(1)討論會

討論會是機關、單位、社會團體及其他一切組織乃至家庭、親友，為認識事物，改造客觀世界及決定問題所採取的一種會議形式。

與會人員一般以 20 人左右為宜。人太多不行，不便於發言；人太少了，發言內容偏少，集中不起正確意見，不能形成正確決策。通知到會人選，要「全方位」、「多角度」，不能只是「一種人」。一定要提前通知，並告之要討論的問題，要使參加討論會的人「有備而來」。

會議內容一般是一事一議，一個討論會只解決一個問題，這樣才能使得討論充分，認識深刻，目的明確，問題解決徹底。如果指揮得力，時間充裕，也可討論兩個以上的問題，要根據實際情況而定。

討論會發言應是有準備的，因為有準備發言質量才能是高的。口頭、書面、提綱發言均可。應提前通知按順序發言，這能照顧到發言內容的代表性、全面性。因為提前做了準備，所以也節省了時間。再就是自由發言，大家知無不言，言無不盡，發言內容也會十分廣泛，每人各抒己見，也一定會達到討論會預期的目的。

(2)研討會

研討會是特定的機構、機關或其他組織針對特定問題，用科學的方法相互溝通交流，共同探求事物本質規律的一種會議形式。

(3)學術會議

學術會議是各大專院校、科研院所等學術機關就人文、社會、自然等各類專業學科問題共同切磋、探討、交流經驗成果，共同磋商促進的一種會議形式，較其他會種來說，學術會議更具專業性與研究性。

討論會或者辯論會所討論或辯論的議題範圍非常廣泛，涉及了人類社會生活中的方方面面；而學術會議則不同，它僅就學術上某一專門的問題（還必須是存在爭議的問題），並且只由工作涉及這一領域的專門人員參與討論（因為旁人沒有專業知識），所以議題的面非常窄（相對於以上二者而言）。

(4)演示會

演示會是各機關團體、企事業單位為了一定的目的，利用現場實驗或實物、圖表形式展示特定事物，讓受眾認知、理解的一種會議組織形式。

6 使用網路會議

現在的世界已經進入了先進的電腦時代，或者更準確地說，是電腦網路時代。網路聯結了各單位和系統，改變了眾多公司生產和管理的模式，也同樣改變了各種會議的模式。

相對於一般的會議，網路會議有自己的特點：由於電腦網路的介入，即使相隔非常遠的各方也可以迅速召集起來開會，進行相互交流；如果使用可視系統，不僅可以在螢幕上顯示和列印對話，還能彼此看見和聽見；同時還避免了旅途的花費，節省了大量寶貴的時間。當然，傳統會議的大多數原則仍然是適用於網路會議的，在這裏，成效最佳地利用網路開好會議要做好以下幾個方面：

1.營造一個良好的網路會議電子系統

有良好的網路會議的硬體系統是進行網路會議的必要前提。硬

體系統一般包括：有足夠承載力的伺服器，至少每處一台的視頻輸入和播放系統、即時視頻通信傳輸系統、網路接入系統和良好的傳輸網路。另外，還需要有附加在硬體上的軟體，這些軟體負責網路會議中的各個方面，現在這些軟體一般都已經實現集成化，如Microsoft Netemeeting 等，一套軟體可以承擔網路會議中幾乎所有的任務。

建設這個網路系統自然是花費不小，起碼也得投入一筆數目不小的費用才能建設好這個網路系統，但對於在很多地區都有分部的跨地域公司來說，各部人員前往總部參加會議的一年花費，可能就可以滿足建立系統的經費需要了。

2.確定召開會議的必要性

即使建立了可以節約費用的網路，召開會議仍然是需要慎重考慮的事，因為即使是節約了旅程費用，會場費用、接待費用和通訊費用支出是必不可少的，會議的即時性仍然要求所有與會者必須在一個固定的時間內都面對螢幕，這自然會耽誤他們的工作，這也就是說會議的效率損失依然存在。如果需要討論的事情的要求即時性不那麼強，那麼信函或電子郵件的方式也許更合適，這樣，參與討論者可以在一定範圍內自行安排時間，就可能避免耽誤一些重要的事情。

3.控制會議中的發言

相對於傳統會議，網路會議的發言更容易失控，有時可能會遇到長篇大論，有時可能會因為多人同時發言而造成網路塞車，有時可能會出現發音不清或發言混亂。較傳統會議來說這就要求會議主席對發言更要加強控制。

首先，應有一個與會者發言的順序和時間，以避免冗長的發言

或同時發言；其次，一旦出現了同時發言，主席就要及時地制止並臨時指定順序，以掌控混亂場面；最後，還要注意與會者主要成員的發言，因為這些發言對最後的決議會有較大的影響。

4.適時地加入人性化的內容

網路會議較傳統會議而言，一個最大的欠缺就是與會者之間的交流缺乏人性化。人們更像是在與一台螢幕對話，而不是在同許多其他同樣活生生的人交流，這使得與會者容易在討論不感興趣的內容時更容易走神兒，甚至完全脫離會議主題。所以，適時地加入一些人性化的內容，例如會議正式開始前給一段時間讓與會者之間相互問候，或在會議之中主席適當的表演等等，都可以起到讓與會者將注意力轉到人的身上，而不是僅僅停留在議題上。

網路會議是未來公司管理中會議發展的必經階段，雖然現在尚未普遍使用，但一定要瞭解其特點和步驟，以便在未來的公司發展中運用自如。

網路會議的正確使用確實能給公司帶來大幅度的成本節約。

例如，著名的跨國公司西門子公司，在建立了全球性的資訊網路之後，也同樣將許多會議轉變為網路會議的形式，原本需要很多國家的代表飛赴總部參加的會議，現在都僅僅需要同時守在螢幕前參加會議即可了。西門子公司聘請了 IBM 來負責其電子網路的建設和人員的培訓，估計共花費了 2.4 億歐元，但建成之後，僅一年減少的會議成本就高達 1.1 億歐元，加上其他方面的成本節約，一年至少可節省共 2.7 億歐元。可見，網路，包括網路會議的使用可給公司帶來多麼可觀的經濟回報。

第 二 章

如何籌備會議

1 如何降低經營者的會議壓力

CEO 是企業的掌門人要經常開會,會議內容則形形色色,既有推廣會、例會、週會,又有專題會、報告會、討論會、總結會等。

相關部門的一項調查結果顯示:在一週 55 個小時的工作時間裏,CEO 們用於開會的時間大約為 18 個小時。剩下的時間中,他們將 3 個多小時用於通電話,5 個小時用於商務餐會,每週僅 6 個小時的時間可以自由安排。CEO 如何為自己減負呢?

1. 設立會議日程表

如果你沒時間,一定要讓你的秘書給你制訂一個會議日程表。早晨上班的第一件事,就是看一下你的會議日程表,然後從其中劃掉不重要的會議,來處理最緊急、最重要的事務。

2. 善於授權

有研究發現,如果 CEO 的直接下屬很多,這個 CEO 又不善於授

權，總親自插手公司的內部運作，那麼，這家公司的內部會議就較多較長。

3.合併會議

除劃掉不重要的會議外，還要看一下有那些會議必須召開而又可以合併在一起。

4.將會議改為私下溝通

有一些公司的 CEO 很少召開長時間的面對面會議，而是「進行經常性的反覆接觸」，親自與相關人員面談，或透過發送短信、即時消息和視頻聊天等方式溝通，節省了開會時間。

5.是否召開會議

日本人開會愛斤斤計較，CEO 在做一週會議時間安排時，可以學下日本人，多打一下算盤，看一下會議成本。這裏的「利」字，不僅是開會的金錢成本，還有人力成本、時間成本等，合計起來就十分驚人了。有了這樣的成本核算，那些會該開，那些不該開，也就清楚了。

6.大型企業要設首席財務長或運營長

在一些大型企業的管理層，都設有首席財務長或者首席運營長職位，這樣每週的開會時間平均會減少 5.5 個小時。

7.在正確的會議節點做決策

作為 CEO，應該緊盯會議之間的邏輯關係，避免開同樣的會。最好設計一個合理而高效的會議體系，在正確的會議節點上進行有效決策，而不是僅僅把會議當成獲取信息的管道。開會而沒有決議，就是讓事情更加複雜，最終難免癱瘓。

2 會議管理的重點控制事項

高效會議的第一鐵律，就是評估一個會議的必要性。首先，仔細地思考你需要舉行的會議的類型。其次，使會議規模盡可能小些，儘量避免分散注意力。最後，給要開的會議歸類，歸類的同時，儘量合併同類項，以及與會人員相同的會議。

一、控制會議數量

在實際工作中，經常會出現一些企業在客觀條件需要和可能的情況下，可以利用會議去開展工作但放棄不用，而是改換其他方式，或者本身不具備使用會議去開展工作的需要和可能，或者只依靠會議這一種工作方式去從事所有工作等現象。這些都會給工作帶來人力、物力、財力、時間等多方面的浪費，降低工作效率和質量。因此，只有對會議數量加以正確控制，改變會議過多或過少的現象，企業的管理工作才能真正有效率、有質量。控制會議數量的措施主要有：

⑴提高企業領導者的素質和領導水準。使其掌握包括會議在內的各種工作方式(面談、現場指導、打電話、制發文件等)，並能根據客觀實際的需要與可能，選取其中最適用、最有效的工作方式。

⑵合理設置機構，正確分割職能與權力。避免或減少職能的交叉重覆，避免權力的過於集中或過於分散；明確各部門、各級工作人員的職責，使各級主管能在自己的職責範圍內獨立工作，不必事

事集體研究討論，處處協調商量。

　　⑶建立並嚴格實施會議審批標準和審批權高度集中的制度。在審批標準中應規定：無明確議題的會不准開；可開可不開的會一律不准開；無實質性內容的會議一律不准開；議題能用個別打電話、面談或發文、發電方式有效解決的會議不准開；已有明確決議的會不准重覆開；純禮節性的會儘量少開；準備不充分的會議不准開；能合併的會（性質相近、內容重覆、相互包含、工作量較小）不准單獨開；伙食、住宿及其他費用超標準的會議不准開；公費旅遊性質的會一律不准開。

　　⑷建立會議協調安排機制，由綜合部門統一協調安排各部門召開的會議。

　　⑸全面控制會議質量，提高會議效果，避免或減少連鎖會議。

　　⑹加強會議成本控制，嚴肅財經紀律。

　　⑺對例行會議做定期檢查分析，取消已無存在價值的例會，合併功能不高的例會。

二、控制會議質量

　　會議質量是指會議效果的優劣程度，要使會議有效，必須對會議質量實施控制。會議是否有效取決於：是否具有召開會議的必要；會議準備是否充分；會議期間能否排除各種干擾（打電話、找人、無關人員入場、與會者退場等）；主持人和與會者的學識、業務水準、工作作風、情感等條件；環境衛生條件（房間大小、室內溫濕度高低、光線好壞、空氣流動情況、安靜程度等）；技術設備條件；議程是否合理科學；對會議決議的執行是否實施有效的監督等。

控制會議質量、提高會議效果的方法，就是有針對性地消除那些降低會議質量的不利因素，保護和創造有利於提高會議質量的因素與條件。其中主要措施包括：

· 建立健全並嚴格實施包括會議規則在內的一整套會議制度。以這些制度約束與會議有關的行為，剎住不良會風。

· 嚴格執行會議審批制度。不合乎標準的會議一律不能開。

· 提高會議主持人控制會議進程的能力與水準，使其掌握有效主持會議的規則與技巧。

· 主持人和與會者應具有足夠的權力和明確的責任，以保證議而有決、決而有行。

· 議題應集中，不宜太多；日程務必高度緊湊，儘量縮短時間，保證與會者能集中精力。

· 科學、有效、充分地做好會議準備工作。會前應注意使每一位與會者明確會議目的、宗旨、議題，掌握有關文件材料並做好發言準備，不開「空手」會，不開無準備的會。

· 充分運用現代化技術手段。靈活運用圖板、實物、模型、照片、廣播、電話、錄音、錄影等用具和設備，提高資訊傳遞的效率與質量，節約時間，縮短會議，提高會議效果。

· 保證會場秩序。盡最大可能地為會議創造各種有利的物質條件、環境條件和衛生條件。

三、大會、長會少開，小會簡開

高效會議的第一步準備工作，是確定是否真的有開會的必要性。這個確定工作看似多餘，實際上必不可少。這一步確定工作的

作用相當於一個「篩選器」，它使那些根本不符合發生條件的「會議」提前落選，從而為高效會議的產生把好第一關。

考慮如何把一個會開好之前，首先要做的是精簡會議，大會、長會要少開，可開得簡短的儘量簡短，可低成本的儘量低成本。一方面，大型會議所耗費的資源是驚人的，另一方面，就單場的會議而言，拖長開會時間只會導致效果遞減。

在精簡會議之前，首先要進行會議的梳理，因為如果不知道有那些會議、不瞭解這些會議的類別與內容，精簡會議也就無從談起。

可以把公司下一階段計劃召開的會議收集匯總，然後對會議進行分類。分類可以有多種維度，可以按照會議的目的，例如決策會、傳達會、總結會、表彰會、研討會、培訓會等，也可以按照召開和主持會議的機構與人員級次來分。

上述兩種分類方法的意義各不相同：會議目的的不同影響會議的重要性和優先次序，同時也影響會議是否可能採取電話會議、視頻會議等形式。會議級次的不同影響會議的主持者、參與者，影響會議的規模、規格和費用。

涉及可以減少或變更規模、內容、形式的會議，可以重新考慮立項。會議立項是會議的第一環節工作，也是會議管理最容易被忽視的環節。

四、高成本會議少開、短開，或以其他方式替代

會議作為工作手段的一種，也和其他行為方式一樣有它的成本。在會議期間會議的服務人員和與會人員花費的時間、工作量的價值以及經費開支的總和就是我們通常所說的會議成本。要提高會

議效率，就要重視會議成本，那些高成本的會議能少開則少開，能
短開就短開，或者以其他的方式替代，只有這樣才能減少會議成本，
避免不必要的開支。

首先，要意識到那些會議是高成本會議，高成本會議浪費的六
種表現，如管理層臨時起意，沒有確切的議程；會議的次數、會議
的直接成本；不守時，會議總是推遲數分鐘；隨意缺席，個別關鍵
人不到會；會議參與者沒有進行發言準備；時間隨意延長，無端浪
費大多數人的時間。在意識到這些會議的高成本後，我們應該儘量
避免此類會議，如果非開不可，就要儘量縮短開會的時間。

如果一個會議的時間超過兩小時或者涉及的問題太多時，會議
效率就會下降。

如果議程要求的時間很長，那麼我們可以選擇安排一系列的短
時間會議。

五、減少會議參加者，避免無關人員列會

一個會議，到底需要那些人來參加？這是組織會議需要慎重考
慮的一個問題。要知道，一個會議的成功召開，並不是人越多越好。
參與會議的人數越多，就意味著會議的開支增多，會議的時間延長，
人多嘴雜，不容易形成一致的會議結論，會議難以控制。所以，在
確定參加會議的人員時，儘量做到該參加的一個不少，不該參加的
一個不多。該參加會議的人不到會，會影響會議議事的成效；不該
參加會議的人參加了會議，既浪費參會者時間與精力，又會增加會
議成本。

在參與會議的人員選擇上，會議的參與人員，應該和會議的議

題密切相關。如果不是必要的成員，最好不要讓其參與會議，避免浪費他們的時間，也節約會議的成本。

在會議中，可能會有幾個議案，某些議案只與一部份人相關，關聯的時間也比較短，例如只有幾分鐘或者十幾分鐘的內容與之相關，其餘的議題和他並沒有什麼關係，這時，就可以考慮機動地控制會議的時間：

預先估計每個議題所需的時間，可以先講時間較短的議題，議題結束後，相關的人員可以自願選擇離開或繼續旁聽；

如果議題的邏輯性較強，不能按照時間長短來調整順序，則可以預估每一個議案所需要的處理時間並清楚地標示出來，與會人員可按照與自己相關議題的時間參會即可，某些人可晚到，也可以讓某些人提早離開。

六、參加會議者要先將本身工作安排好，避免臨時有事退會

一個會議，總是需要多人的參與，但是，每個人都有自己的事。在會議的過程中總是會出現一兩個臨時退會者，理由是臨時有急事，或者有工作忙等。要知道，成功的會議不僅需要合格的組織者，還需要優秀的與會者。與會者是否做好充分的會前準備，履行與會者的責任和義務，將直接影響會議的效果。

為了避免臨時退會這種情況的發生，作為會議組織者當然要在會議召開前和大家溝通好會議召開的日期和時間，確保會議能夠順利地召開。

作為會議的參加者，在得知參會的消息後，應該合理地安排自

己的時間,在開會前先將工作安排好,空出開會時間,不要中途退會,影響會議的進行。

但是很多人會說,誰不願意在會前把自己的工作安排好?誰願意中途退會引起不滿?有些事情是迫不得已的,有些工作沒有完成,必須馬上去做……這就是沒有「機動時間」的表現。

很多人都容易犯這樣的錯誤:用各種活動把一天的時間表排得滿滿的,以至於沒有一點「機動時間」處理可能出現的各種突發事件,如果臨時組織開會,就不得不放下手中的工作去參加。由於工作沒有做完,導致開會也心不在焉,一旦電話響起,就要馬上起身去處理尚未完成的工作,不得不臨時退會。因此,我們應該合理地安排自己的工作,每天留些「機動時間」,即使沒有發生突發事件,管理者也可利用「機動時間」處理一些較次要的問題。

七、要控制會議時間

一個會議的時間長短,需要根據會議的內容來確定,有些會議較短,可能半個小時足夠,有些會議較長,可能就需要幾個小時。調查和研究發現,一個半小時是開會的最佳時長,最長不要超過兩個小時,一旦超出兩個小時,大家的精力、反應力和注意力就會明顯下降,進而導致會議低效,所以,我們必須控制好會議的時間,超出一小時的要有書面通知,最好不要超過兩個小時。

控制會議時間,說起來很簡單,但是實際操作的話就會很複雜。在我們身邊,會議似乎總是比預計的時間要長。超時的會議屢見不鮮:如會議主題不明確、會議拖拉等,嚴重浪費了時間和成本,極大地影響了會議效率。這就需要我們嚴格控制好會議的時間。

　　會議的延遲召開在我們日常的工作中很常見，這是對時間和成本的浪費。要想杜絕會議延遲召開，就必須做好充分的會議準備，時間一到就召開會議，對會議遲到者進行適當的懲罰，以引起大家對會議的重視。

八、確保會議準時開始和結束

　　很多會議的組織者常常為會議不能準時開始而感到困擾，不能準時開始，就意味著拖延，意味著浪費時間，浪費會議成本，影響會議的效率，那麼該如何改變這一現狀呢？

　　首先，需要會議組織者做好充足的準備。會議的成功在很大程度上依賴於事先的準備和組織，包括為人員分工、材料用品的準備等。必須保證會議開始之前的設備正常、用品充足，才不至於影響會議的順利開始。

表 2-2-1　不適合開會的時段

最不適合開會的時段	原因
早上 9 點	剛剛上班，有些人可能還沒有完全清醒呢。此時開會顯然不合時宜，何況還有人會因為堵車而遲到的。
中午 12 點	此時大家都已肚子空空了，誰還有力氣去思考問題呀！
下午 1 點	剛吃飯飯，胃的消化壓力增大，要消耗大量的血液和氧氣，大腦此時正缺氧呢！即使想思考也心有餘而力不足了。
下午 5 點半	大家勞累了一天，誰不想第一個衝回家呢？

　　其次，在時間的選擇上也需要大家做一些前期工作，最好避開

那些不適合開會的時段。

上午 10 點到 12 點和下午 2 點半到 4 點半都是比較適合開會的時段。因為在這個時段，大家基本上都已進入正常的工作狀態，且精力充沛。

再次，在會議召開前，一定要先和大家溝通。選擇會議召開的合適日期，確保大家都可以準時參加。在得到大家同意後，確定會議的日期和時間，就不會有人以沒有安排好自己的工作而不能準時參加會議為藉口了。當然，在和大家溝通前，儘量能提前一些，好讓大家事前能安排好自己的時間和事情。

最後，如果仍然有遲到者，那也不必等，一定要保證會議的準時召開。可以採取「設遲到席」的辦法。會議通知幾點開就按時召開，過時不候。遲到者就在豎有「遲到席」牌子的座位上開會。這個辦法不僅容易操作，又可以對遲到者進行相應的懲罰。同時，遲到席一般都設在會場後面，這樣即使遲到者進來也不會影響到會議的順利進行。

按時開會很重要，按時結束會議也同樣重要，要等同對待。要知道，好的開頭一定要有一個好的結尾相呼應，這才算是一個成功的會議。所以，我們不僅要保證會議的準時開始，還要保證會議的準時結束，確保會議高效率。

九、要有清晰、準確的會議記錄

會議記錄又稱會議備忘或會議紀要，其內容為描述會議過程和最終決議的簡短記錄。會議結束後，通常要根據會議宗旨和精神撰寫會議記錄印發給有關部門。這種會議記錄，不應摻雜個人的主觀

意見。同時，會議記錄必須簡明扼要，語言精練概括，內容全面、條理清晰、主次得當。撰寫者必須準確理解會議宗旨，把握會議的精神實質，並貫穿於紀要的始終。要求準確、完整而清晰。

會議結束前，會議組織者或主持人應當責成有關人員整理會議記錄。會議記錄有三個主要作用：①充作徵信工具；②充作會議中決議事項追蹤依據；③充作組織內部溝通信息的文件。為了使會議記錄充分地發揮這些作用，會議記錄者應該在會議結束後 24 小時之內整理妥善並送有關人員。

會議記錄如能在這樣的時限內送出，將可產生兩種積極的效應：①假如會議記錄在內容上有商榷餘地，則可即時修正，因為與會者在這個時候對會議經過仍然記憶猶新。②會議中如有後續的工作有待與會者辦理，則會議記錄可以發揮提醒及跟催作用。

一旦做好會議記錄，應及時分發給有關人員。如果會上取得一致的行動沒有進一步實施，彙編會議記錄將失去意義。會議記錄應清楚指出每個項目應完成的最後期限，以及由誰負責執行。經過一段適當的時間，但必須在下次會議之前，追蹤會議記錄上所記錄項目的進展情況，並且將最新的情況呈報給主席。如果必要，檢查這些是否列入下次會議的會議記錄中。及時遞交會議記錄可以促進對決議採取果斷行動。

3 安排會議的必備工作

　　準備充分是會議能否高效的重要因素之一。準確的會議召開時間、地點、與會人員、會議所需設備、會議議程、與會者的分工、責任、會議的目的和與會者對會議內容的會前瞭解，是籌備會議的基礎和前提。

一、明確會議目的

　　決定召開會議之後的第一項最重要的準備工作，便是設定會議目標。良好的會議目標應符合四項要求：

　　許多會議主持人在規劃會議的時候，都以為沒有必要將目標寫出來。他們常說他們已將目標記在腦中，而且只要他們時常想起它們，則是否訴諸文字，將不會產生任何實質上的差別。其實，這是一種似是而非的論斷。用書面方式寫下會議目標，可以產生三種好處：第一、有助於目標內涵澄清；第二、書面目標較不容易被遺忘；第三、當目標種類繁多時，以書面寫下比較容易調和它們之間的潛在矛盾。

　　會議討論分散、低效，比計劃時間晚 10 分鐘才開始，與會人員水準參差不齊……這些問題都是沒有明確的會議目的及會議議程造成的。

　　對會議目的理解的一大偏失，就是簡單地將會議主題和會議目的畫等號。但是，會議主題往往是高度概括的內容，而會議目的是

具體的人、事、物，組織者、主持人和與會者必須預先明瞭確切目的，才能使會議取得成功。

會議目的必須出現在會議通知中，對會議目的的描述，需要注意以下兩個問題。

⑴有關定義及範圍，例如：

什麼人與會？

討論一些什麼事情？

要達到什麼樣的結果？

⑵會議涉及事物的量化標準，例如：

具體的時間是什麼？

具體的討論範圍是什麼？

需要達成幾條什麼程度的共識？

需要通過幾個協定？

需要完成多少任務的分配？

需要解決那幾個存在的問題？

二、明確的會議議程

會議議程是為完成議題而做出的會議順序計劃，是會議全程各項活動和與會者安排個人時間的依據。明確的會議目的，將有助於會議議程的制定。

會議議程包括會議日期、時間、地點和目的等細節。議程中關於會議的主要目的應儘量明確，合理分配給每一項議題時間，並排列出優先次序。

透過瞭解會議議程和日程，與會者可以更好地瞭解會議所要討

論的問題，清楚會議順序計劃，即獲得有效信息。

撰寫會議議程時，儘量按邏輯排列主題，並把類似的議題放在一起。這樣可以避免同一領域談了一遍又一遍的情況出現。同時，考慮會議的時間長短以及內容的順序。建議把最重要的問題放在開始討論，因為這時與會者最有精神。

三、會議時間的選擇

主席在選擇會議時間時，首先應該考慮的便是自己的時間，此即能令自己獲取充分準備以及方便自己作息的時間，因為主席既然是會議成敗所系的關鍵性人物，在選擇會議時間時，自然應以適合自己的時間為優先考慮，這是一種實事求是的做法。其次，主席也應該考慮方便與會者出席的時間，以及為與會者所喜愛的時間。倘若與會者對會議時間有所不滿，則會議目標的實現，勢必遭受不利的影響。

會議時間必須包括起止時間，經驗顯示，絕大多數的會議都只列明開始的時間，而無結束的時間。為了避免會議過分冗長，有些管理者故意將會議安排在距午餐、某種活動或是下班之前不久舉行。這是一種可以考慮採取的方法。

至於一場會議到底座為時多久，這雖無一致的看法，但多數的管理者均同意，以不超過一個半小時為限，因為一般人能保持注意力集中的時間，最長大概不超過一個半小時。（這大概也可以說明何以大多數電影的放映時間，都在一個半小時左右。）但若會議中所探討的是極其嚴肅的或是極其困難的主題，則一場會議的時間以不超過 1 小時為宜，但這並不是說一場會議不能長到兩小時以上，因為

一旦議案多，則會議時間將不能不相應延長。但須注意的是：一場會議的時間超過一個半小時，則中途應騰出若干時間作休息之用。

四、明確的會議地點

選擇會議地點對於會議的成功極為重要，除了環境的舒適之外，對會議地點及場所的選擇還要依據當地可提供的會議資源狀況及該會議的程序、預計的與會人數、與會人員的背景情況，以及重要的會議目的、目標和與會者的偏好等因素綜合考慮。

一般來說，會議地點首選是公司所在地，最好是公司自有的會議場所，如果公司自身無法提供，則可以選擇其他專業的會議場所。

表 2-3-1　常見的會議地點優缺點對比

會議地點及場所	優點	缺點
公司公共會議室	大小夠用，無租金。	使用時間可能受限制。
自己的辦公室	你的全部參考資料都在手邊，可能使你的權威性得到加強。	可能會有電話干擾，或者有人打擾。
部屬的辦公室	可能提高一位下級的地位和士氣。	場地一般比較狹小，可能會使雙方都感不適。
外部的會議室	保證沒有任何一方佔地主優勢，而且有利於保密。	價格可能較高，增加了會議成本，而且可能對大家來說不熟悉。
外部的會議中心	場地大小選擇多，有專業的設備和服務。	旅途、時間和食宿花費很多。

整體環境能使與會者足夠舒適以集中精力開會，但又不能讓他

們舒服得想打瞌睡。應儘量避開鬧市區。會場內部也應具有良好的隔音設備，以保證會議能在安靜的環境中順利進行。檢查並使外面雜訊保持在最低水準。

研究和開發會議需要有利於沉思默想、靈感湧現的環境。

會場的大小應與會議規模相符。一般來說，每人平均應有 2～3 平方米左右的活動空間比較適宜。同時應考慮會議時間的長短，時間長的會議場地不妨大些。

場地是否有良好的設備配置。如取暖和通風有益於工作，但不要過分，並提前試用冷氣機和通風設備。

五、與會人員的選擇

主席對於難以分辯是否應該邀請的人士，最好能採取「寧可邀請，而不排斥」的原則，邀請他們參加，以免遺漏。

與會者人數不宜大多。

會議的成本非常昂貴，因此沒有必要出席或列席的人士，儘量不要讓他們參加。

在定好的會議時間內，與會者人數一多，則每一位與會者的平均參與機會將隨之減少。

與會者人數一多，溝通將趨於困難。例如當與會者只有 3 個人的時候，溝通管道只有 6 個；與會者增至 4 個人，溝通管道增至 12 個；與會者增至 8 個人，溝通管道增至 56 個；其餘依此類推。溝通管道越多，與會者對信息的掌握能力將越低。

一般管理者所公認的較理想的與會人數，是 5～7 人。因為在這樣的人數下，不但溝通不致發生困難，而且與會者普遍擁有較多的

參與機會，倘若與會人數甚多，譬如多至 20 人以上，主席可以視實際需要而採取分組討論方式，處理各種議案。

六、與會者明確的分工、責任

會議的目的，給予了每一位與會者不同的分工及相應的責任。在開會之前，組織者應當把與會人員的具體分工傳達至每一名與會人員。

與會人員分工可以透過分組、職能、具體工作事項等內容進行劃分，並由相關表格明確，常見的表格格式見下表。

在明確分工的前提下，與會人員還需要在以下四個方面承擔相應的責任：

(1)會務工作
・根據會議要求，分擔相應的會務工作
・確保會議的順利進行
(2)參與討論
・積極參與議題的討論
・認真聽取他人的意見
・客觀分析問題
(3)給出建議
・透過討論、提交建議書、確定立項等方式給出合理建議
(4)會後執行
・根據會議決議，負責與自身職責相關部份的會後執行

積極參與討論並給出建議是會議對每一位與會人員的要求。除此之外，承擔部份會務工作、負責會後的決議執行，也是與會人員

需要留意的責任內容。對於與會人員，我們往往無法制定完備的要求及考核制度、標準，通常情況下，只能依靠與會者自身的責任感去協助會議的圓滿完成。

七、會議所需的相關設備

會議所需相關設備的確定有可能要經過一場小型的腦力激盪會議，將所需設備的種類、數量及獲取方式確定下來，形成書面的清單，並落實責任人。

會議相關設備主要有：表決系統、同聲傳譯系統、發言討論系統、多媒體投影機、幻燈機、投影儀、投影螢幕、接口單元、錄影機、電視機、數目監視器、電視牆、燈光設備、攝像機、音響設備、辦公設備、音頻視頻會議系統和其他設備。

由於視聽設備和會議用品都涉及費用，因此有必要派專人負責設備、物品的使用和安全工作，包括登記設備、物品的出入，正確操作以及在會議前後保證設備在會場中的安全。

會議組織者應在會議開始之前測試一下設備的使用情況，並熟悉會場。例如，如果會議需要使用視聽設備，則有必要對燈光調整和幻燈片放映等進行預演，以確保相關人員都清楚地知道操作的過程。

八、會議通知的派發

很多會議召集人，常常為送發適當的會議通知而頭痛。這可能是因為他們的疏忽所造成，也可能是因為他們太過匆促地決定召開

會議，以致欠缺足夠時間作妥善的斟酌所造成。

一份良好的會議通知，在內容上至少應包括下列五項：

開會的時間（包括日期及起止時間）；開會地點。倘若開會地點並非與會者所熟悉，則應附上確切的位置圖及交通路線圖。會議的目標。與會者須事先準備的事項。其他與會者的姓名。

一般的會議通知最好是在開會前一個星期寄到與會者手中，因為現代人在安排各種活動時，多半提早一個星期作規劃，而且一個星期的時間大概足以做好開會前的各種準備工作。超過一個星期的會議通知比較容易被遺忘，因此當你有必要發出超過一星期的會議通知時，你最好能在開會前兩、三天設法再向與會者提醒開會時間。除非是緊急會議，否則不要發出短過一星期的會議通知，因為太匆促的通知，不但令與會者來不及做好會前的準備工作，而且也很容易讓他們覺得會議召集人把他們當作「呼之即來」的人物看待！

心得欄

會議內的角色分配

籌備會議是給那些將在開會時協助你的人分配不同的任務。這些會議工作人員包括會議記錄員、會議協調員、與會者以及作為會議主持者的你。與會議協調員會面，討論他的職責，告訴會議記錄員你希望他做些什麼。我們現在就來討論不同的會議角色。

一、會議主持者

準時開會以顯示會議的重要性，同時也表達了對盡力準時到達會場的人的尊敬。

透過確定會議角色，設定會議的基本規則，營造一種熱烈、嚴肅的會場氣氛。基本規則包括：不要打斷其他人的發言；每個人都要參與；嚴格依照會議議程進行；反映意見必須伴有相應的解決辦法；對集思廣益的觀點不做評價，以及所有你能想到的為營造一個有序的會議氣氛所必須遵循的規則。提前在會前制定規則或者讓與會者在會議開始時自己制定規則。

在整個會議期間按照會議的日程安排進行。會議開始時宣佈會議的目標並預覽會議的各個步驟。

二、會議協調員

會議協調員工作如下，但在比較小型的會議時，可由主席兼任

之。

　　為保證每個人積極參加討論，防止發言者打斷他人的講話，防止出現人們之間的語言攻擊，協調員的職責是管理會議中人的方面，而領導者就可以專心管好會議的內容方面的事情。

　　監督會議每項議程的時間使用情況，確保與會者按照每一項議程規定的時間要求執行。

　　防止討論跑題，督促以目前討論的題目為中心。如果有必要，強調會議的目的。

　　有策略且直接地監督人們提出問題並解決問題。

三、會議記錄員

　　對會議進行錄影記錄，無須編輯或對人們的發言進行語言加工，照實記錄人們的發言內容。不要自作主張，會議領導者需要你記錄時再記錄。

　　定期與會議領導者和會議協調員對記錄進行核對，確保記錄的準確性。

　　設法記錄聽到的話語，而不是你個人對話語意思的理解。有疑問時，要求發言者陳述清楚。

　　會議記錄員的角色很重要，因為他記錄的材料是開會時發生情況的唯一書面證據。總之，如果你所做的會議紀要被複印並散發給每個與會者的話，它應當包括：會議的日期、具體時間、會議的地點、參加會議的人員、對每項議題的簡要討論和主要發言人、討論的問題及做出的決定，行動任務及其完成的最後期限。

四、與會者

為參加會議做好準備，尤其是當你要充當某個重要角色時。一定要準時。充分參加討論，專注於會議的目標，努力達成共識。不要懶懶散散。

傾聽其他人的意見，不要根據自己的偏見匆忙做判斷。遵守會議規則，避免給會議帶來干擾。

5 選擇合適的與會者

選擇合適的與會者，是保證會議目的實現之前提和保障。不該參會而來與會是一種人力、物力的浪費，而該與會者卻不來參會，則將使會議目標難以實現。

一、誰該參加會議

最該被邀請參加會議的人是那些確實有必要參與而且能貢獻自己的智慧來達成會議目標的人。

確定誰該參加會議已經幫助你決定了會議的規模，其他的要素還包括會議討論問題的複雜性如何及會議的設備可接納多少人。研究顯示，大多數的委員會議平均有 8 個成員。一項研究認為，委員會議的規模以 5 人參加為最佳：「從主題來看，這個規模的群體(即 5

人）在理性思維方面最為有效，包括對資訊的收集和交換，對資訊的整合、分析和評估，以及在這些工作之後應採取何種行動的決定。」會議每增加一個人，就意味著每個人參與時間的減少、更多衝突的可能、更多人說話和傾聽。

有時應該參加的人不願參加，他們不樂意為會議服務，而更多的情況是會議主席必須排除一些希望參加的人，以保證某些會議達到可以有效管理的規模。對於前者，需要說服和激勵，而對於後者，主席可能需要加以巧妙的協調。可以嘗試這樣一些辦法：分析會議議程，看是否每一個人都必須參加每一過程，適當調整議程，使得一些人在會議一半的時間裏離開，讓另一些人能夠進來；是否用兩個更小型的會議代替一個大型的會議；是否可以要求一些團隊提前討論問題，然後請他們只派代表帶著團隊的意見前來參加會議。

二、與會者的選擇

在決定與會的人選時，主持人原則上只應考慮邀請下列兩類人士與會：

1.對實現會議目標有潛在貢獻的人

會議既然是以目標的實現為導向，因此，主持人在決定與會者人選之際，所應優先考慮的便是邀請對實現會議目標有潛在貢獻的人參與。但這並不意味這些人非出席會議不可，因為會議主席有時可以在會議之前約見他們，並徵求他們的意見。這樣做，將可免除他們出席會議。

2.能夠因參與會議而獲得好處的人

讓這些人參與會議，固然有助於會議功能的發揮，但主持人也

可故意不邀請他們參與，而只在會議之後，將開會的結果通知他們。

三、與會者的構成

　　與會者指應邀參加會議的個人。在有效會議管理中，決定與會者群體的規模和構成是非常重要的。會議可能由於參加的人員太多、太少或不恰當的人員結構而流於失敗。比如，如果會議規模太大，討論將流於形式和浮誇，與會者無法真正參與進來；如果會議規模太小，將無足夠資訊可供分享，問題也不能充分解決。因此，在決定該邀請誰參加會議時，某些方針應被遵循。

表 2-5-1　　會議規模參考

會議目的	與會人數
決策制定和關鍵問題解決	5
問題識別或頭腦風暴	10
研討會和培訓班	15
資訊研討會	30
正式報告會	不限

　　在確定好與會者的人數和結構後，會議主辦者還必須明確與會者的角色安排。與會者一般可以分為會議主持人、會議成員和會議工作人員(如會議秘書、記錄員等)三類。

6 籌備會議的會前準備工作

認真做好會議前的準備工作，是開好會議、做好會務工作的保證，如圖 2-6-1 所示是會前準備流程。

圖 2-6-1　會前準備流程

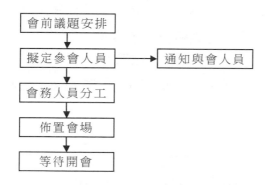

（一）會前議題安排

會議議題就是會議要解決的問題，會議議題一定要由管理者確定。人力資源部應做的工作是根據管理者的指示收集議題，並根據輕重緩急排出順序，提出建議供管理者決斷。收集會議議題要注意提交會議討論的問題是否集中，是否有必要提交會議。有些會議，如代表會議和代表大會的議題，要透過企業管理程序來確定。

（二）擬定參會人員

那些人參加會議，需根據管理者意圖和會議的性質、任務、內容擬訂，擬訂辦法大致有以下幾種。

1. 有固定成員的例會

正副經理會等，由於與會人員是固定的，只需根據議題的需要，另擬列席人員。

2. 擔任一定職務的人參加的會議

如總經理召開的部門經理會議、企業的銷售代表會議，其會議名稱已確定了與會對象，只要按單位、按名單發通知就行。

3. 與會代表需透過選舉或推舉產生的會議

如員工代表大會等，人力資源部要提出一個關於代表產生的範圍、代表的名額分配、代表的條件的建議。

4. 由單位指派出席人的會議

如巡迴報告會，要按會議的規模制發聽講證，根據需要給有關單位分發聽講證，有時還要提出聽講者的條件。

5. 對與會者有要求的會議

各種協商會、座談會、宴會等，對與會者包括特邀代表有一定的要求，多少人出席、請誰參加，要全面考慮。

（三）通知與會人員

明確以上事項後，便需通知各與會人員會議的舉行日期、地點、會議的簡要內容，以便他們可及早做準備，如果是比較大型的會議，參加人員來自世界各地，會議前約一個半月便需發會議通知，以便各位與會人員有足夠的時間進行工作安排，如簽證、邊境證的辦理等事宜，然後根據會議通知的回執，再次確認與會人信息。

會議通知的內容是必須要清楚的。通知應該包括需要說明的全部細節，細節包括會議召集人的姓名或組織、單位名稱、會議日期、開始時間、召開地點（不但註明城市和街道地址，還應有樓號及房

間號）、有那些人受邀請參加會議、會議目的等。一些會議如股東會議，在發佈通知時需按規定的原則行事，這類通知的措辭必須嚴格遵循公司的規章。

　　與會人員平時工作都很忙，尤其是公司高層，三四天，甚至一個星期前發的會議通知，他們可能已經記不得了，所以發會議通知最好抄送與會人員所在部門的文秘，請他們協助提醒與會人員到會，並在會議的前一天再發送會議的提醒通知。

（四）會務人員分工

1. 會務分工

　　大型的會議會務人員較多，各組的工作量及性質不同，每個組的工作人員做的事情也不一定相同。如果你是會務總協調人，應先制定一份會務分工總表，按整個會議過程的各個關鍵行為和工作量細分小組，確定各個小組的負責人，並明確每個小組的職責。各小組根據自己所承擔的工作，進一步細分到個人，可製作會務人員分工明細表，這樣分工明確了，責任也就明確了，遇到事情就知道該由誰來處理。工作人員會前可按事情分工，會中按地點分工，會後再按事情分工。

2. 監控協調

　　監控協調非常重要，因而需每天檢查和更改會務清單（特別是進展情況一欄），及時準確瞭解各項工作的進展情況，即時進行調整，同時督促各項工作按計劃完成，避免會務工作因為各種原因而延遲。另外，一定要對需要各責任人相互配合的工作特別提出，以免一部份工作的拖延耽誤整體工作的進展。

（五）明確會務議程

1.確定會議議程的方法

一切的會務工作都必須圍繞使會議達到預期的效果這個目的來進行，所以在會前就應該使每一個與會者對會議的各項議程有一個清楚的瞭解。

⑴在確定會議議程時，應與主辦單位公司高層進行充分的交流溝通，以得到全面、準確的會議信息。

⑵在確定參會人員、會議日程時，要來回徵求多方意見，以獲得共同認可。

⑶議程中還應包括相關就餐地點、會議休息時間等安排。

2.將議程交公司高層審批

議程確定後應交會務組組長及審批，原則上要求在發出會議通知前確定出會議議程，避免突發性修訂。

3.會務須知

可以在會務議程後面附上會務須知，會務須知與會議通知不同，它所包含的內容要廣得多，會議議程、會務組及負責人的房間號及聯繫電話、會議開始及結束的時間及地點、班車時刻表、技術講座的時間和地點安排、樣板點參觀路線、娛樂和餐飲情況、會場紀律和會議期間的注意事項等，可以說整個會務組的工作都體現在這個會務須知上。

（六）會場佈置

會前準備工作中要數佈置會場最為費心，事先要盡可能將會場佈置的各方面羅列出來，訂好完成時間，並不斷刷新準備情況，以保證會場的佈置萬無一失。

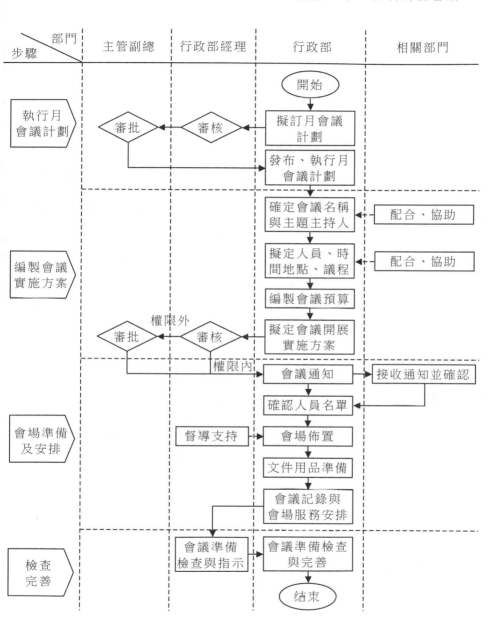

步驟　部門	主管副總	行政部經理	行政部	相關部門

7 籌備會議的會議期間工作

　　會議期間，是人力資源部工作人員工作最活躍的階段，也是工作能力受到最嚴格考驗的階段。這時人力資源部工作人員工作的中心任務是：掌握會議動態，協助指揮與控制，透過精心的組織和良好的服務，使會議沿著既定的目標進行。

圖 2-7-1　會議期間管理流程圖

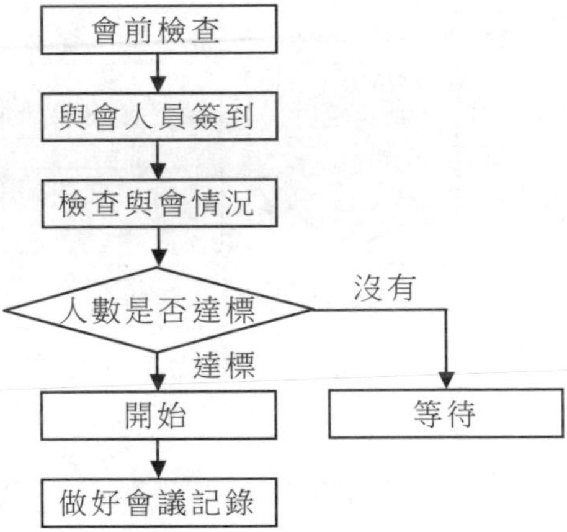

```
        ┌──────────┐
        │ 會前檢查  │
        └────┬─────┘
             ↓
        ┌──────────┐
        │ 與會人員簽到 │
        └────┬─────┘
             ↓
        ┌──────────┐
        │ 檢查與會情況 │
        └────┬─────┘
             ↓
        ◇──────────◇      沒有
        │ 人數是否達標 │ ──────────┐
        ◇──────────◇           │
           達標│                │
             ↓                 ↓
        ┌──────┐         ┌──────┐
        │ 開始  │         │ 等待  │
        └──┬───┘         └──────┘
           ↓
        ┌──────────┐
        │ 做好會議記錄 │
        └──────────┘
```

1.會前檢查
　　可以根據會務的準備清單再在腦海裏反覆演練一下會議的全過程，進行全面的會議資源準備。

2.會務簽到
　　所有參會人員必須簽到，方便人力資源部統計人員。

3.會務資料管理

當會務資料較多、較雜的情況下，資料的管理是會務工作中的難點，不僅要分類清楚，而且每天要清晰地掌握資料庫存量，具體操作時可以設計一個表格來清晰明瞭地列出會務資料的詳細情況。

4.議程跟蹤

議程跟蹤主要由會務組組長負責，要保證議程的變動及時通知到每一與會人員。對於自己無法處理的事，要及時上報到會議總協調處，並隨時聽取參會人員的意見和問題並分類，該回饋的及時回饋，該轉告的及時請示相關人員。記錄會議期間的電話、傳真，要區分其信息的輕重緩急，及時處理，以保證各類信息的及時傳遞。

會議中要隨時注意各人員的意向，看他們有何要求、看會議是否需要臨時作調整、進程是否需要修改等。

5.編寫會議記錄

會議記錄是會議內容和過程的真實憑證，在各種會議上做記錄是文秘最重要的工作之一。

⑴記錄的措辭要符合實際、簡明扼要，不能有記錄人的見解和評論，必要時可使用答錄機先錄下，以免做記錄時有所遺漏。

⑵會議簡報是會議期間編印的關於會議進行情況的簡要報導，內容包括代表們在討論中提出的意見、建議和會議決定的事項等。

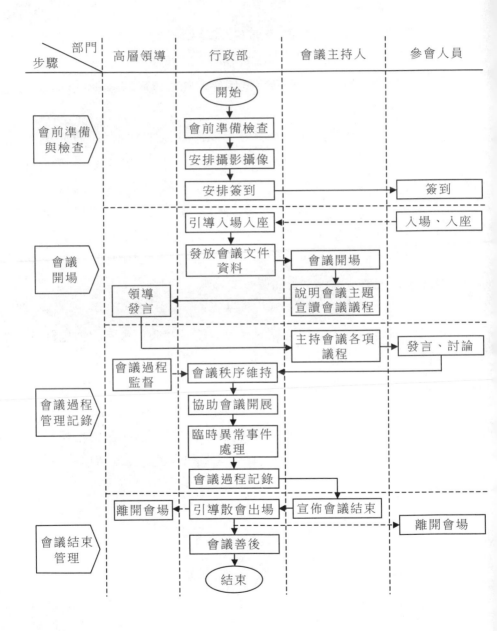

8 籌備會議的會後整理工作

　　會議結束了，並不是說會務工作就隨之結束了，對於人力資源部會務工作人員而言，還有許多工作要做。如圖 2-8-1 所示是會後整理的流程。

圖 2-8-1　會後整理流程

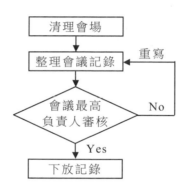

（一）會場檢查

會議結束後，首先要檢查會場。

　　會開完了，實行退場檢查制，也就是按設備清單核准會務組攜帶的儀器是否齊全、相關會議資料有無遺漏，然後回收剩餘的文件、資料、文具、禮品，收存會議用儀器、設備，可以根據會議準備清單的內容檢查一遍。

（二）會場清理

會議結束後，清除會場留存的各種會議標誌。會議期間必須及

時清理所有資料，嚴格遵守保密規定，確保公司機密的安全，對使用完畢的物品進行及時清理並歸還到相關部門。

（三）會議效果的調查和總結

會議結束後，會務組成員應進行會議滿意度調查，認真分析調查結果，總結會務工作存在的問題和改進建議，撰寫會務總結。會務總結應特別指明本次會務工作的關鍵要素、可資借鑑的地方、各個不盡如人意的環節、改進意見等。

（四）會議文件的收退

會議文件的收退也稱會議文件的清退，通常指重要會議的與會人員在會議結束時，根據規定將會議上發的文件清理並退回會議人力資源部會務組，此項工作主要在機密程度較高的會議結束時或會議結束後做。

1.重要會議文件清退原因

⑴文件內容是高度機密的，長久存放在個人手中，可能會遺失和洩密。

⑵會議文件，特別是公司高層在會議上的即席講話、與會人員的即席發言不宜擴散。

⑶有些文件屬草稿或參考性的，甚至某些與會議的精神、決議不完全相符，洩露出去影響會議精神的傳達貫徹。

2.會議文件收退工作程序

⑴向會議主席團或主持人彙報發文情況，提出收退文件建議。

⑵待主席團或會議主持人批准建議後，下發收退文件目錄，並做必要的解釋工作。

⑶會議結束後進行清退，清退要逐份清點、登記，發現丟失的
應查清原因，及時向公司報告。

（五）會議文件的立卷歸檔

會議文件的立卷歸檔，是指會議結束後依據會議文件的內在聯
繫加以整理，歸入檔案。會議文件的立卷歸檔是會議結束後的一項
重要工作。

1. 會議文件立卷原則

會議文件立卷歸檔的原則是一會一卷，其目的是便於日後查找
利用。

2. 會議文件應立卷內容

對會議所有材料的形成、使用過程，都要加以注意，包括公司
高層決定開會的批示、會議通知、會議名單、會議主要文件的歷次
修改稿、會議的議題、日程和程序安排、會議的各種文件、各種發
言材料、各種記錄、簡報、快報、會議紀要、會議總結等。凡是印
刷下發的要留有一定的份數，對會議主要文件的歷次修改稿、會議
紀要的修改稿應注意跟蹤，會議一結束，馬上按立卷要求收回。

3. 會議文件立卷方法

會議文件的立卷方法，應根據會議類型和材料的多少而確定。

會議文件較多的大中型會議文件的立卷方法是：先區別文件類
別，然後按問題、時間立卷，同一文件的不同修改稿按修改的時間
順序排列，但要把定稿放在前面。

工作會議立卷方法，通常是按工作順序排列：公司關於開會的
批示；會議通知；會議議題、議程；會議記事表；會議決定事項；
會議決定事項所涉及的文件。有些決定事項沒有會議文件，應在卷

內註明。一次會議決定幾個事項，立卷應按決定事項的重要程度排列。

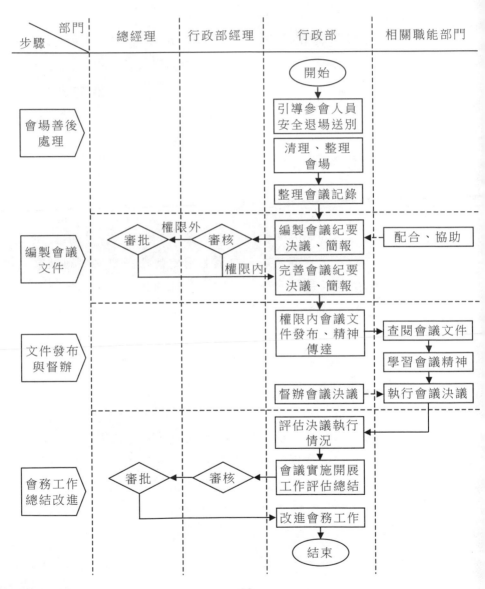

9 會議的開會通知

　　會議通知所記載的事項，是會議的目的、議題、開會之時間、地點、會議進行之要領、參加會議者之姓名等。

　　假使會場是在公司外時，最好能附上地圖。希望參加者攜帶出席之資料也要在通知上記載。會議時間包括了用餐時間在內

　　沒有任何的資料，只說「請大家想一想，請提些好意見吧！」也是無濟於事的。頂多各提各的觀點或希望或意見罷了。這樣的話只有桌上的空論，以及永遠在抬死槓而已。總而言之，這種會議也是不少見的。

　　開會時，準備的資料，等到出席會議時，才會交到出席者手上者也不少。突然收到厚厚的一堆資料，光閱讀這些資料以及聽取說明就要花去一小時。假使這些資料事先發給參加開會人員，能夠多給參加人一些時間預先送交參加人（例如跟開會通知一起送交），則會議一開始，便馬上可以進行問題之討論了。

　　當然，為了達到此一目的，參加者須負有事先將收到的資料詳加研究，並整理出自己的看法之義務……。同時，主辦者這一邊也希望事先有腹案之準備。

　　參加者與主辦者如都能夠有了上遊之週全準備，會議一定可以在短時間內進行的很有效。會議本來就是這樣的。我們常會看到在會議席上製作資料的情景，這樣的話就不能稱為會議了，應該將會議延期到資料準備好為止。

生產計劃會議開會通知

1. 議題：為發動機 5 部之新訂單，生產計劃之調整

2. 時間：X 月 X 日自 XX 時至 XX 時

3. 地點：第 X 會議室

4. 主席：製造部李經理

5. 參加者：XX 課　XX 君

　　　　　　○○課○○君

　　　　　　△△課△△君

　　　　　　□□課□□君

　　　　　　◎◎課◎◎君

6. 備考

附上訂單之交期資料，請在會議之前一天，將各位所擔任之訂貨進行狀況，加以提報。

10 制定會議規範

　　會議規範的制定是一項需要有耐心和全局觀的工作，規範的制定往往不能一蹴而就，而是需要在多次組織會議的過程中不斷總結、提煉而成。

　　如果與會者相信主席有能力為大家設計最恰當的會議規範，就可交由主席來全權制定，當然，也可以由會議的組織者起草，交由大會討論。下列幾點關於會議規範內容的建議，應當對制定結構完整的會議規範有所幫助。

1.會議時間

所有與會者應將每日或每週的時間安排交給會議規範制定者，以便從中找出最適合大家開會的時間。

2.會議資料

較為正式的會議，都應有書面的會議通知、清楚的議程表以及相關的議事資料和決議文件。

3.會議報告

所有與會者的會議報告可以通過電話、傳真或電子郵件來擬定。

4.準時

準時開會和結束會議。所有與會者都要在會議開始前準備就緒，並最大限度地把可能干擾開會的各種因素都要排除掉。同樣，會議也應在規定時間內按時結束。

5.會議決議

會議的主席，也往往是會議中的最高職位者，對是否能達成決議負有直接的責任，此責任是不可推卸的。當然，決策最好能在無異議的情況下達成。

6.維持他人尊嚴

所有與會者都應知道，會議桌上應維持他人的尊嚴，不允許任何人在會議上羞辱他人。

7.寬容

意見不同是允許的，如此討論才能集思廣益。對與會者以批評性的角度思考提案，會議應給予寬容的心態。甚至可以在對重大提案的討論中，需要指定某些人「扮成黑臉」，以引出真知灼見。

8.會議記錄

會議的記錄工作應當有確定的規則和具有一定專業水準的人員

擔任，並且會議記錄還應當作為重要的會議文件，在會議結束後存檔，或按照需要提交上一級的主管閱覽。

9.會議評估

每次會議進行後都應當進行一定的評估，評估的方式和步驟可以根據具體的情況進行，但是所有與會者都應至少參與一次公司組織的評估工作，填寫內部的會議評估表，檢視所屬單位的會議是否進行得有效率，並提出改進的建議。如有會議組織者或主席的缺失，應立即改善。

10.會議監督

各人在會議中的表現也應分別列入會議評估的範圍。主席的領導能力及與會者的參與度都要予以監督。

每個組織由於具體情況的不同而有不同的會議守則。會議守則應儘量保持適當的篇幅，既要避免太過簡短，也不能文詞冗長且主次不分。即使是良好的慣例，也要把它撰寫成會議守則，立此存照，以供以後的與會者依循。

會議是一種有多人同時參加的、受同一目標驅使的群體活動。所以，為了保證會議的正常進行並使會議具有較高的效率，就必須要求所有與會人員共同遵守同一個行為規範，從而表現出價值和行為取向的一致性。比如規定：身為公司的員工，在出席會議時，原則上不可遲到，且須注意聆聽別人的發言。另外，參加會議的人員還應遵守如下禮節：

· 事先分發的資料，不管工作有多忙，都要過目一下。若有不懂之處，先做個記號，開會時再作詢問。

· 在開會前 5 分鐘即席就坐，並將資料翻開，準備開會。

· 員工應該將會議進行狀況，尤其是公司主要幹部的發言記下

來，這對會後撰寫報告或以後做事都有幫助。

· 開會時，要注意傾聽別人的講話，不可竊竊私語或擅自離席，這是不禮貌的。

· 發言時最好先舉手，獲得主席的同意以後再說。發言時內容要明確，且聲音要讓大家都聽得到。

· 帶到會場的資料或在開會時才發的資料，應該整齊地放在會議桌上，不可任意零亂地放置。

· 其他應遵守的，如需抽煙時，應先問問兩旁的人可否吸煙等。

11 集團公司的會議管理重點

1. 凡是開會必有準備

三星認為：「永遠不開沒有準備的會議，會議的最大成本是時間成本，會議沒有結果就是對公司的犯罪，沒有準備的會議就等於是一場謀殺。」在三星，重大的會議有事前檢查制度，「沒有準備好的會議必須取消」；與會人員要提前看材料並做好準備，不能進了會議室才開始思考。

2. 凡是會議必有主題

在三星，「開會必須有明確的會議目的，在會議準備的 PPT 中，前三頁 PPT 必須顯示會議主題」。沒有主題和流程的會議，就好比讓大家來喝茶聊天，浪費大家的生命；會議的主題要事先通知與會人員。

3.凡是會議必有紀律

三星的每次會議都會設一名「紀律檢查官」（一般由主持人擔任）。在會議前，由「紀律檢查官」宣佈會議紀律，對於遲到者要處罰，對於會議上不按流程來做的要提醒，對於發言帶情緒的要提醒，對於開小會私下討論的行為要提醒和處罰，對於會議上發惡劣脾氣與攻擊他人的行為要處罰等。透過這些紀律規定與處分，嚴格保證每一次會議都有良好的紀律。

4.凡是會議必有議程

英國前首相邱吉爾曾說：「給我五分鐘時間來發言，我要提前一個星期準備；給我十分鐘發言，我要提前兩天準備。」因此，在會議之前，三星一定明確會議議程，會議運營人員要在會前把會議議程書發給參加會議的人員，使他們能瞭解會議的目的、時間、內容，讓與會人員有充分的時間準備相關的資料和安排好相關工作，每一項討論必須控制時間，不能海闊天空、泛泛而談。

5.凡是會議必有結果

開會的目的是解決問題，會議如果沒有達成結果，就是對大家時間的浪費。所以，每一個與會人員都要參與到議程中來，會議監督官有權打斷那些偏離會議主題的冗長發言，會議時間最好控制在1.5～2小時，因為太長的會議會超過人的疲勞限度，起不到良好的開會效果，所以會議主持人要設置時間提醒。會議決議要形成記錄，並當場宣讀出來確認；對於沒有確認的結論，可以另外再討論；達成決議並確認的結論，要馬上進入執行程序。

6.凡是開會必有訓練

在三星，「培訓是節約時間成本的投資」，讓員工快速成長，培養員工，讓員工減少犯錯、提高技能，這些從本質上來說也都是為

了提高時間價值。三星有專門針對如何開會的培訓，對每個層級的員工都有足夠的會議訓練，訓練內容包括如何開會、如何主持、如何記錄、如何追蹤、如何對待會議上的分歧、如何會場彙報等，透過這些必要的會議訓練，讓會議變得高效，例如要儘量做到會議上公開表揚，私底下批評；在會議上就事論事，對事不對人；爭論時要尊重別人，不可惡意批評別人；對他人的意見如果表示贊同就公開表示你的稱讚；對意見不同者也要注意措辭，不要傷了別人自尊；不可惡意批評他人，不要傷了別人自尊，特別是有上級人員參加時更要注意，不能為了表現自己而貶低別人等。

7. 凡是開會必須守時

設定時間，準時開會，準時結束，這樣做其實是尊重大家的時間。開會一定要準時，並要求對每一個議程設定大致的時間限制，一個議題不能討論過久，如果不能得出結論，可暫時放一下，避免影響其他議題；如果某個議題必須要有結論，會前要通知與會人員。

8. 凡是開會必有記錄

每次會議都要有準確完整的會議記錄，並形成決議，各項決議要有具體的執行人員及完成時限。如果此項決議需要多方資源，一定要在會議記錄中明確說明，避免會後互相推諉，影響決議完成。有些管理人員經常犯的錯誤就是會議沒有形成決議，導致會議的作用沒有體現出來，這會讓一些管理人員誤認為開會沒有意義，直接影響其不想主持會議或者參加會議。

9. 凡是會後必有追蹤

「散會不追蹤，開會一場空。」所以，三星加強了稽核檢查，並建立會議事後追蹤程序，對會議的每一項決議都要有跟蹤、稽核檢查，如果發現意外，可以及時調整，確保每項會議決議都能夠完

成。

10.會議公式

開會+不落實＝0；

佈置工作+不檢查＝0；

抓住不落實的事+追究不落實的人＝落實。

11.高效會議原則

凡是會議必有主題；凡是主題必有議程；

凡是議程必有決議；凡是決議必有跟蹤；

凡是跟蹤必有結果；凡是結果必有責任；

凡是責任必有獎懲；凡是獎懲必須透明。

心得欄 ----------------------------

第 三 章

如何主持會議

1 會議主持人是會議的靈魂人物

會議主持人是會議的一個核心的角色，起著特殊作用，直接影響到會議的成敗。

會場上，員工之間的討論實質上是互相之間觀點的 PK，而會議的主持者往往同時也是部門中有決策權的上級，因此員工的建議其實是對著主持人說的，主持人的反應對發言人來說比其他任何員工的反應都更重要，所以好的會議主持人就必須像導演一樣，每個員工的心理需求是什麼，什麼是他願意說的什麼他沒興趣說，會議要達到什麼樣的效果，怎樣做才能達到預想的效果，都要事先考慮好，然後激發大家的積極情緒，引導每個員工進入會議角色當中。

一切準備就緒，會議就要開始了。

常說的會議進行方法四階段，是一種定型了的，仟何會議都可應用的方法。尤其要進行討論的會議，將此階段放在腦中很有效。

這四個階段如下：

◎「導入」階段

首先，製造彼此容易說話的氣氛是必要的，同時，全體出席人員集中其關心於會議的主題也在此階段。因此，必須將會議的主題或問題點作充分的說明，使全體出席者都對會議的目的獲得瞭解。這是會議領導人的任務。

◎「引出」階段

這是全體出席者對主題表明其意見、主張及想法的階段。當然，此時領導人的技巧很有必要，但是參加者對此也希望有積極的協力。

◎「邁向結論」階段

隨著參加者的意見應該提出來的都提出之後，進入整理階段。透過彼此的討論，進行取捨選擇。此時主席要使用其發問的技巧，請出席者對各種意見作評價，經過此評價過程有些意見被捨棄，有些意見被留下。最後，努力達到一種共同的結論。

◎「總結」階段

就已得到同意的結論，循著之前討論的經過，就如何達到此結論加以確認，同時決定此結論的處理方法。

2 會議主持人的工作職責

有人說：「會議的主席有如樂隊的指揮。」這句話只說對了一半。會議的主席固然有如樂隊指揮那樣具有舉足輕重的作用，但是擔當會議的主席卻比擔當樂隊的指揮更加困難。因為前者在主持會議過程中需要扮演多種角色，而後者在主持演奏過程中則始終扮演同一角色。

好的開場白可以讓會議更有激情和活力。開場白並沒有統一的模式，但是，至少需要遵循幾個基本的原則：

為了讓會議變得生動有趣，非常注意開場白的設計，或通過社會奇聞軼事，讓員工激情迸發，或通過時事新聞，引起員工的共鳴。

開場白不宜過長，過長的開場白往往失去重點提醒的作用，甚至讓與會者疲倦反感，因此對於開場白的內容要求就更高了，要求領導說的每一個字詞都經過反覆斟酌，而不是隨意說幾句笑話趣聞就可以的。

會議主持人是作為會議主體的代表對會議活動的整個過程擔任主要指導責任，進行全面組織和對會議進程實施有效控制的人，又稱會議主持人或執行主持人、會議召集人等。會議主持人的職責，就是根據會議的性質、目的和要求，按會議議程規定的內容，承擔起組織與會人員、完成會議規定的任務，實現會議目標的責任。一般而言，在會議活動中，會議主持人的職責主要有以下各項：

一、作好會議的開場白，引導會議的召開

主持人擔負著宣佈會議召開的任務，在會議的開始，要向與會者作好會議的開場白。他要告知與會者召開會議的目的、內容、方式、進程和要求，必要時還要宣佈會議的紀律和規定。明確地向與會者交代會議的宗旨和會議的議題，這是主持者在會議過程中首要的職責和任務，也是開好會議的前提和基礎。

二、對會議主題的引導

1.在開始討論任何議題時，應明確該議題所要達到的目的。

會議主持人要確保所有成員理解所討論的問題以及為什麼討論這個問題。所討論的問題可能是大家以前經歷過的，也可能不是。如果不是，主持人或者主持人指定的人應該給出一個簡單的介紹，包括該議題列入議程的理由、問題的來龍去脈和目前的狀態、已經建議或調查研究的路線、需要的行動方針、爭論的焦點等等。

2.避免誤解和混淆

對於不明白的論點或者難以理解的論證，主持人應該要求發言者加以澄清；如果發言者使用了錯誤的概念，他應該進行干預。

3.引導會議走出毫無結果的爭論或者與議題毫不相干的領域

有時人們在還沒有澄清問題的原因時，就開始討論行動方針了；或者在某一個問題上爭論不休而又無法得出結論；或者離題太

遠。主持人必須仔細傾聽，以便採取措施使會議繼續進行。

4. 做過渡性的總結

用幾秒鐘對發言或議題做一個過渡性的總結，這樣會幫助與會者理清思路，把握要點。

5. 不要拖延會議，按時結束討論

在會議已經達成共識時，主持人要及時結束討論。遺憾的是，有時主持人沒有迅速地結束討論，有時主持人沒有意識到已經達成了共識，而使討論又延續了一段時間。一旦主持人發現會議出現以下情形時，就應該及時採取措施結束會議：a.更深入的討論需要更多的事實和依據；b.討論表明，需要一些沒有出席本次會議的人的看法；C.與會者需要更多的時間來思考議題，並可能需要同其他同事探討；d.情況正在發生變化，需要進一步解釋決策的理由；e.本次會議沒有足夠的時間來充分審核該議題；f.該議題可以由兩三個成員在會議之外處理，而不必佔用其他人的時間。

6. 議題討論後，主席就已經達成一致的內容做出簡短概括

它可作為實際會議中的口授內容，這樣不僅有助於進行會議記錄，也有助於人們理解已經在會議上所取得的有價值的東西。如果在概括中包含了某一會議成員的行動，則應要求他確認自己在行動中所要承擔的責任。

三、促進討論

在會議討論過程中，會議主持人要及時根據會議的進程和討論的話題，圍繞主題提出恰當的問題以激勵與會者。提問方式不但有

助於激勵與會成員,也是控制會議的有效手段。比如,在適當的時候打斷那些滔滔不絕的人,為其他沒有更多機會發言或不願意發言的人提供機會。

四、做好針對與會者的工作

會議主持人如同導演,與會者如同演員,演員的行動要聽從導演的指揮,為了使演員能與導演協調配合,開一場圓滿成功的會議,會議主持人必須處理好與會者的關係。會議主持人的插話、引導做到有禮有節,不把自己的意志強加於人,也不過早地表明自己的觀點,以免先聲奪人,給與會者造成「定調子」的感覺。會議主持人對要討論的問題要有所準備,以便能夠更好地誘發與會者發表意見,多傾聽與會者的看法,充分發揮與會者的聰明才幹,從而更為全面、客觀地看待問題;其次,要適時地終止辯論。有時辯論已經達成了某種妥協,但主持人卻沒有發現,結果是「夜長夢多」,節外生枝。及時終止辯論的情況有多種方式,如基本一致就及時終止;求同存異而及時終止等。最後,簡明扼要地歸納。每一項議題經過討論後。主持者應當簡明扼要地將決議的結果報告給與會者,同時留下記錄。

五、對與會成員行為的控制

作為主持人,要使會議更為有效地進行,就必須對會議加以控制,避免某些與會者牽制和拖延會議議程、阻礙會議目標實現的行為。

1. 對付遲到行為

準時開始會議會使遲到者吸取教訓，使他們意識到，即使沒有他們，會議還是照常進行了。另外將遲到者和早退者列入會議記錄，這種做法不僅表明在制定某項決策或討論某個問題時他缺席了，而且在提醒他缺席的信息可能會公佈於眾，而人們通常不希望關於自己的這種信息被公開，因此這種做法能很好地強化未來會議的準時性。

2. 控制喋喋不休者

喋喋不休的人是指在會議上花很長的時間講很少的信息的人。作為主持人，你可以建議他最好寫個報告來詳述觀點。或者，選一個他講到的詞（什麼詞無關緊要）來打斷他，並對其他人說：「『資金的投入』，這很有意思。老王，你同意必須有資金的投入嗎？」

3. 引導發言

在大多數會議上，多數人在多數時間是保持沈默的。沈默可以表示同意，或者沒有什麼建議，或者在更多地傾聽與等待，對這些沈默不必擔心。但是如果是缺乏自信的沈默或者對抗的沈默，則需要主持人來加以引導。有人想提出建議和意見，但是擔心所提出的意見是否有價值，是否會遭到反對，因而保持沈默。引導這樣的人表述自己的意見時，主持人應表現出興趣和喜悅來鼓勵其發言，儘管你可能不必非要同意這些意見。對抗或敵意的沈默，尤其是對主持人的敵意或是對會議本身和決策過程的敵意，常常蘊藏著某種輕蔑的情緒，預示著某些事情的爆發。事實上，有些事情爆發要比不爆發更有利於問題的解決，因此主持人要適當引導人們理性地表達自己的意見和感受。

4.保護下級

參加會議的下級人員可能招致他們上級的反對，這是很自然的事情，但是如果這種反對發展到下級成員沒有權利來發表自己意見的地步，會議的作用和功能就被削弱了。所以，主持人必須盡力維護下級的權利，就其所談內容的價值來肯定他們的觀點，或者對他們的觀點進行書面記錄，來強化和鼓勵他們的行為。

5.避免衝突

好的會議不是與會者間的一系列的對話，而是伴隨著主席的引導、思考、激勵、概括，以討論、爭辯的方式進行交流，最終產生有價值的結果的過程。然而，會議必須是觀點的爭論，而不是人的衝突。當兩個人開始變得激動時，主持人應該向中立態度的成員徵詢意見，擴大討論，要求他們提出純粹的、現實的答案。

6.提防對建議的壓制

往往與會者提出的建議比闡述的事實和觀點更容易受到嘲笑。如果會議中有排擠現象，就更容易形成對某人的建議加以壓制的現象。如果人們感到提出的建議會遭致嘲笑、會被壓制，他們會不去提出任何建議。儘管所提出的建議不一定都會有什麼結果，但是應該給所有的人以提建議的機會。當有人提出建議時，主持人要特別關注和表現出足夠的熱情，盡可能避免其他人壓制該建議的做法。比如你可以從建議中挑出最好的部分，讓其他成員加以補充和討論；要求嘲笑者或壓制者就該問題提供更好的建議等。

7.把資深人士的意見放在最後

雖然這不是一條規則，但一個具有高度權威的人的發言，極有可能使資歷稍淺的成員受到抑制。讓與會者按照資歷由低到高的順序發言，比由高到低的順序更有利於傳播信息。

六、合理分配會議時間

如何做到合理分配發言時間呢？

為每個發言者規定具體的時間是合理分配時間的第一步。在開會初，主持人就應該明確地宣佈每個發言者的可支配時間是多少，至於具體的時間要根據發言的人數來確定，如果會議時間比較寬鬆，人數比較少，每個員工發言的時間可以相對長一點，但是，對於一般的發言，時間最好控制在 10 分鐘以內，太長容易給人拖逶疲倦的感覺，而且弱化了發言者說話的品質。

發言時間的長短要合理佈局。時間長的發言可以放在會議的開始，這時候人們的注意力比較集中，興奮點較高，容易引起人們更多的關注。隨著會議的進行，人們的興奮點開始降低，疲勞感開始增加，簡短的發言更容易博得與會者的好感。

合理分配發言時間並不等於每個員工的發言時間都一樣。許多經理人認為把整個會議的時間除以發言人數就行了。而這只是一種平均分配時間，並不等於合理分配時間。想做到合理分配時間，就必須在平均的基礎上充分考慮到發言者的重要性和特點，對於比較重要的發言者要給予更多的時間，而一般的發言可以縮短些。

七、維持秩序

當你在台上認真發言的時候，下面的員工卻在竊竊私語；或眉飛色舞地講者發生過的趣事；或者津津有味地陳述昨晚看的韓劇；還有的手機鈴聲突然響起，會場上一陣哄笑，這些都是會場上常見

的秩序混亂的表現。

維持會場秩序，需要建立一套保證會議正常進行的規則。許多單位都規定開會不得遲到早退，不得在開會的時候接聽手機，並把手機關閉或靜音等，但是，員工們往往我行我素。這使得許多經理人錯誤地認為，制定規則並沒多大的意義，關鍵在於會場上主持人的及時制止。

當你大聲制止員工的行徑時，其實意味著你在眾人面前羞辱了員工，雖然他們的行為並不正確，但是，對於「肇事」的員工而言，這不僅是一件非常丟臉的事情，而且是上級有意「和我過不去」的表示。因此，這樣維持秩序，即使當場制止了員工的錯誤行為，對於會議的進程和員工的管理而言，也並不成功。

建立一套完善的保障會議進行的規章制度，是維持會場秩序的前提。當然，建立之後重在實行，對於違反這個制度的人員應毫不客氣地按規矩辦事，這樣員工自然會遵守，需要提醒的是，制度和規則不僅只對員工有效，對領導也具有同樣的約束力。所謂上樑不正下樑歪，員工們不遵守規章制度的原因很可能是因為領導自己不自律。

維持會場秩序要對事不對人，尤其不能使用恐嚇性或貶低性的詞語。例如，幾個員工在開會的時候喜歡講話，主席可以用目光制止，而不必急於點名批評。

八、對會議做出總結，宣佈會議的結束

在完成會議的各項任務和程序後，主持人就要對會議的全過程作簡要的回顧，對會議的執行情況和會議所取得的成果進行全面、客

觀地總結，對不能確定的或未解決的問題，則要做出解釋說明。總結要力求全面、扼要、準確。

3 會議主持人的應俱備素質

會議是現代主管開展工作和互通信息的手段之一。會議能否成功，與會議主持人的工作關係甚大。

1. 切忌一言堂

主持人的領導藝術表現在於：切忌一言堂，要發揚民主，提倡百家爭鳴，能將其中的精華吸收到自己的總結中來。千萬不要在與會者發表了 10 條意見之後，主席發表排斥這 10 條意見的第 11 條意見，這樣下去，久而久之，參加會議的人就少了，會議的氣氛也必然窒息。這對主席來說，是種很大的危險。

2. 注意發揮各人的個性

主席最容易犯的毛病，就是在會議上強求通過自己的意見，他總是不切實際地希望下屬與自己有著同樣的個性、看法和想法。這在客觀上是根本辦不到的。主席不僅應當承認還必須尊重他人的個性，並善於設法利用他人的個性去爭取工作的成功。

3. 加強引導，批評要有建設性

既然會議是一個群體進行討論，總難免會發生某些衝突，有時甚至進行人身攻擊。在這種情況下，會議主持人往往不得不對某個人，或某些人進行批評。但是批評時應當竭力避免同他們發生衝突，如果會議主持者與他們發生直接衝突，會議就陷入僵局。在批評之

前，主持人最好先對他們作一番鼓勵和誇獎，使他成為你的朋友，然後再良言苦口，善進忠言，並且應當在批評中帶有建設性，使被批評者真正明白其道理。

4.聲音要洪亮，舉止要適當

會議主持者洪亮的聲音，會立即反映出他的朝氣、信心和魄力，有一種無形的感染力。他應當注意舉止要適當，比如，不必過分地指手畫腳，不應咬著煙斗講話；動作也要注意，如不時地推推眼鏡，把眼鏡拿下來擦一擦，玩一玩手上的鉛筆，搔搔頭，抖抖腿，等等。這些事情雖然很小，但卻會分散與會者的精力，影響主席的威信。

5.會議的時間不可太長

據生理學家的研究，參加開會和討論時，人的腦力最佳狀態只能保持 40—45 分鐘，人在生理上產生疲勞感的界限是 1 小時。超過這個界限，與會者的注意力就會鬆懈，會場上就會出現竊竊私語和輕微的騷動。在這種情況下，主持人如果堅持繼續開會，多數發言者就只能重複別人的發言，而表現不出創新。生理學家們給這種狀態專門取個名稱，叫做「反面活動階段」。在這個階段，主持人對與會者變得很難駕馭，這一階段通過的決議，容易帶上「激進」的色彩。如果會議開得再長，許多與會者一心想快點散會，將會對通過的決議採取無所謂的態度。因此，最緊湊最有效的會議，一般不應超過 1 小時。多數與會者需要 30—40 分鐘才能恢復良好的自我感覺，這樣才能保持良好的會議效果。

6.要避免炫耀自己的業績

會議主持人在會上吹噓自己的業績，以此想抬高自己的威望，其結果必然適得其反。一般情況下，與會者對他所欣賞的人的心理狀態是，希望從他的談吐中，得到如何把工作搞好的信息。

主席如何提高會議成功率

1. 作好會議安排

　　一次未能取得滿意結果的會議，其中有一半原因是由於沒有作好會議的安排。這些會議的安排是指一些顯而易見的事。例如：為會議提供恰當的物質條件，如舒適的會議室、恰當的通風、照明、視聽設備以及住宿條件等。此外，在作會議安排時，要有經過很好準備的議事日程，要仔細選擇參加會議的人員，要在會前通知與會者並提供恰當的資料，以便他們盡可能有準備地進行討論，而不至於由於在會上介紹本應事先閱讀的材料而浪費時間等等。事實證明，主席如果輕視這些顯而易見的事，就可能會導致會議失敗。

2. 掌握好會議的進程

　　主持人要自始至終掌握好會議的進程，為此要力爭做到以下幾點：

　　①使每一個參加會議的人感到自在；

　　②在會議開始時以生動的語言簡要地講一下所要討論的題目和問題；

　　③闡明會議的目的；

　　④規定會議的「範圍」，即會議討論問題的界限。

　　會議主持人在會議進程中要善於使討論歸於正題而不受個人意見的爭論，不受兩人之間的對話或開小會的干擾。

　　會議主持人要能區別會議中那些發言對問題的解決確有作用，那些發言是空洞廢話。

　　會議主持人要善於巧妙地盡可能使參加會議的人，從一大堆資料和隨便討論中引導到意見一致和有共同的認識。

　　會議主持人要善於把大家的意見簡要地歸納一下，以便參加會議的人都能夠接受。這樣，在會議結束時，所有參加會議的人都能感到在盡可能短的時間內已達到了會議的預定目標，感到這次會議開得非常有效。

3.獲得與會者的積極參與

　　會議主持人要在會議進程中創造一種有利於討論的氣氛並「使球繼續滾動」，他要鼓勵與會者遵守紀律，尊重不同看法和分歧意見，儘管意見不同，但並不傷感情，使與會者認識到在適當時候可以互相學習。

4.認真貫徹執行

　　會議主持人在會議的最後階段要做好以下幾件事：

　　①在會議結束時進行總結；

　　②重述要採取的行動，並使所有參加會議的人表示已理解並願意進行這些行動；

　　③會議要有一個書面文件作為結束，這可以是簡報或其他形式；

　　④要確定下一次會議的大致日程；

　　⑤要使會議的決議不是停留在紙面上，而是要採取適當的措施貫徹執行。

5 主席宣佈開會

一、主席宣佈開始會議

　　會議主席的首要任務是主持會議的開始。萬事開頭難，如何真正做到讓會議順利開始，並讓與會者迅速進入最佳狀態，是每一個會議主席必然面對的問題。一般說來，會議主席可以按照以下程序進行：

　　1. 準備開始

　　會議主席應提前進入會場，與會議的組織者交流，熟悉會場環境，並參照會議資料對與會者進行初步的瞭解。

　　認識的與會者進入會場時要與他們熱情打招呼，不認識的也最好點頭致意，並示意他們各坐其座。

　　整理服飾和儀表，可以去洗手間稍做整理，並調整一下情緒和心態，在心裏梳理一下會議的程序和重點，做到心中有數。

　　2. 宣佈開始

　　宣佈會議開始的時間一定要準時，預定的時間一到，就心平氣和地宣佈開會。

　　首先應自我介紹並說明開會的目的，除非能確定每一位與會者都彼此認識，否則必須進行介紹。應注意的是，所做的介紹越簡單越好，如果有專家到場，要特別注意介紹他們。

　　3. 介紹情況

　　在介紹完自己和其他人之後，會議主席還需要做一個開場白的

發言，主要內容包括會議的議題、資料、議程安排和時間表，並且可以提出自己的希望。

在開場白之後，需要留出給與會者對議程等方面提問的時間，並且要對這些提問分別作答，儘量讓與會者清晰明瞭的理解會議安排。

在以上各步驟都完成之後，就需要設法讓會議進入正題，這時，會議的主體部分便正式開始了。

二、主席的會議開場白

一個好的開場白，往往不僅有畫龍點睛的重要作用，也能幫助會前準備不週的會議順利地步入軌道。會議主席可以按照以下步驟來設計開場白：

1.總攬會議目的和議程

總攬會議的目的及議程，應是開場白的首要內容。主席應清晰、簡要地說明此次會議所面臨的問題和進行的方式。也就是說主席要先讓與會者知道議事的程序，例如在正式討論開始前，由銷售部及人事部先進行各五分鐘的工作報告，然後再開始為時一小時的集體討論，剩下半小時來議定決議。主席在此時也要徵求與會者是否需要對議事程序進行修改的意見。如有修改的必要，就應當進行重新設定，待重新確定後再向與會者宣佈並做最後確認。

2.提供會議的有關資訊

主席還可以向與會者簡明扼要地提供一些與會議有關的資訊，如數據、媒體報導、內部消息等方面的資訊，在報告中，應包括以下內容：問題產生的背景因素，在陳述問題產生的緣由時，盡可能

地做到以下幾項要求：①簡短扼要；②目前的發展情況，向與會者極簡單地彙報最新發展趨勢、問題、各方面的關係，以及目前狀況是否緊急；③公認的起因，向與會者陳述多數人認同的原因；④問題若無法解決所可能產生的後果，儘量強調問題所導致的負面結果，建立起與會者的危機意識，使其產生共鳴，促使應對之策出爐。

　　為營造效果，主席可在會前把擬妥的開場白演練幾次。除確保所言內容無疑義外，也可預知其效果怎樣。

3.確定會議記錄者

　　此部分雖是主席開場白中的細枝末節，但卻是非常重要的部分。會議記錄者可以在會前指定，也可以在討論開始前請某個與會者來擔任。主席有必要告訴與會者此次會議記錄者的重要職責，也順便告知議事程序。主席可以這樣告訴與會者：

　　「會議記錄者也是與會者的一員，當然也需要參加討論，但最重要的是將大家達成的決議快速而準確地記錄下來。討論每告一段落廠需要覆述其記載內容。若與會者有疑義，應立即提出來，以便及時修正。」

4.徵求議程的意見

　　會前發給與會者的議程表都是「暫定」的。主席應在開場白結束後留一段時間來詢問有無修改議程的建議，其目的是確認與會者對討論進行方式的認同。若真有人提出修正意見，主席應大方地使用民主程序來修改之。在確認沒有異議以後，會議即可將按照預定的會議議程正式進行。

　　主席的開場白通常不宜太長，應在3～5分鐘內就將開會目的、議事程序、要解決的問題及各種難處告知完畢。這不僅能方便主席以駕輕就熟的方式引導討論，也能使會議在最短時間內達到事半功

倍的最好效果。

表 3-5-1 主席開場白內容

1. 總攬會議目標和議程	
我們現在面對的問題	
會議目標	
我們將採取的議事方法	
2. 提供會議有關資訊	
已知問題的由來	
目前的緊急情況	
我們認為現有問題的起因是	
如果還不能解決，必將導致	
3. 會議重點	
我們準備把會議討論的重點放在	
暫時先不討論的問題是	
原因是	
4. 會議記錄者	
會議的記錄者	
5. 修改會議議程的意見	
修改會議議程的意見有	

6 開會前先確定會議的目標

當確定有必要召開會議後，就要開始會議的準備工作，準備工作的第一件事就是要明確會議的目標和訴求。

會議的目標和訴求簡單地說就是「為什麼開會」，也就是會議召開的原因和目標，其應盡可能清楚地陳述出來，這樣就可以令其他與會者明白自己為什麼來開會，同樣可以讓組織者本人不會在會議過程中感到迷惑。明確會議的目的和訴求分為三個階段：

1. 明確召開會議的主要原因

有時會議目的只有一個，很清楚很簡單，例如說，打算推廣實行新的工作安排，要討論上個月的銷售額大幅度下降的原因等等。這些看起來只有一個問題的會議在具體的操作中可能延伸出很多細小瑣碎的新問題，例如有人會提出自己的工資太低，或兩個人相互指責對方的缺點等。所以，即便只有一個原因，也要將這個原因表述清楚，使之清晰地指向一個問題，讓與會者明白，這次會議是為了解決這個問題，別的問題暫不討論。

如果原因有很多，例如既要總結上個月的工作，又要佈置本月的新任務。那麼，就應當將這些原因羅列出來，並按照重要性的先後順序排列出來，如果存在邏輯上的順序，那麼按照邏輯順序優先的原則再排列，這樣，就可以對此次會議的主要原因一目了然了。

2.根據原因確定會議的目標

會議的原因只是召開會議的動機，但並不是會議所要達到的效果，確定了原因，還要根據它來確定會議的目標。

如果會議的原因指向的是一個急需短期內解決的問題，例如，找到上個月營銷成本激增的原因，或是部門主管離職之後由誰來負責這個部門的工作。那麼，會議的目的就是給會議原因中的問題找到了明確的答案。

而如果會議的原因是一個需要長期協調討論、漸近解決的問題，例如，部門的規則是否有不完善的地方，或現在公司的營銷策略是否需要進一步改善。那麼，會議的目的就是對這個問題的討論這次應該達到一個什麼樣的程度，是一定需要作出結論，還是先讓與會者在原則上達成共識等等。當然，這個達成的「程度」是一定要明確的。

3.再度審核會議的原因和目的

在基本確定了會議的原因和目的後，一定要再審核一遍，一方面是要檢查會議的原因是否是最重要的，會議的原因和目的之間的關聯是否緊密；另一方面則是要將會議的原因和目的總結成條理清晰、語句通暢、通俗易懂的語言，以便可以將其傳達給與會者，令其真正成為召開會議的原因和目的。

明確了會議的目的和訴求，不但是會議準備工作的第一步，也是整個會議工作的第一步，它決定了後面工作的步驟和方向。

4.確定會議目標

即使您被委派組織會議，確立會議目標可能不是您一個人能夠完成的工作。您要做的是向會議的發起者瞭解他們對會議目標的想法。

這也許不是件容易的事情，如果您對此不全力以赴的話，您將收穫的是平庸的果實；如果您的態度過於迫切，又可能會讓合作者疏遠您(而且這些人可能在年齡和職務上都高於您，因此，對人不敬

往往會帶來適得其反的結果）。

　　最佳方法是對會議的目標做一次實際的估測，然後徵求他人意見並使其明確。以下是某些類型的會議可能出現的目標，從表面上看它們或許有些相似的地方。

　　⑴年會：可以是公司股東大會，也可以是行業協會每年一次的會員大會。

　　a. 公佈一年的工作成績及來年的計劃。

　　b. 宣佈公司結構的變動（合併、新成員加盟、人事變動）

　　c. 營造團隊感覺。

　　d. 為未來的計劃聽取員工意見。

　　e. 爭取對未來計劃的支援。

　　⑵銷售會議：一般是為了宣佈開始銷售某種產品或銷售期限。例如季度銷售會議，或者是對前一個銷售期間進行總結和表彰。

　　a. 鼓勵銷售人員增加銷量。

　　b. 獎勵成績突出的銷售人員。

　　c. 推出新的獎勵性活動。

　　d. 解釋新的銷售合約。

　　e. 推出新產品/新的年度工作目標。

　　⑶行業技術會議：是就某個領域的問題進行討論、諮詢和交流資訊而召開的會議。一般包括主會和討論問題、解決問題的小組會議。

　　a. 展示產品及服務。

　　b. 為獲取行業資訊提供論壇。

　　c. 向代表們傳授行業技能。

　　d. 對社會問題或法律問題做出反應。

e. 對買賣雙方的會面提供一個機會。

⑷管理會議

a. 向管理層宣佈未來計劃。

b. 聽取管理人員對未來計劃的看法。

c. 為公司制定新的未來計劃。

d. 預先激勵管理層的主動性。

e. 鼓舞管理層的士氣。

⑸發行商/發行網路會議

a. 鼓勵發行商多賣您的產品。

b. 增進與發行商之間的關係。

c. 尋找新的發行商。

d. 宣佈行政變動。

e. 獎勵有業績的發行商。

顯然，以上五種會議的每一種都不僅有一個目標。您不難看出根據會議主辦者（為會議支付費用的公司）與會議代表（出席會議者）之間的關係，每一個類型的會議風格都會明顯不同。有時，會議組織者對會議內容的想法會更多地受到一個因素的影響，即：會議代表是否自理會議費用。另一個要牢記在心的因素是代表們是否必須出席會議（比如管理人員的會議）。即使會議目標可能相同，每一個會議在其基調和風格上都會有細微的差別。

7 如何把握各部門間的會議

　　大多數情況下談到的會議都是指一個機構或部門成員參與的內部會議。但是，隨著現代社會人與人之間的頻繁交往，部門和部門之間也需要不斷的進行整體型的溝通，這時您就需要熟練地掌握參加各部門間會議的恰當技巧了。

　　各部門間會議的特別之處就在於會議的參與者不但有自己的意見，還要在各組織內部形成一個共同的意見，這樣就使會議變得更為複雜了。所以，參加部門間會議一般有以下技巧：

1.己方部門內部必須保持統一的意見

　　己方部門在參加各部門間會議時，應看做為一個整體來參加，而不是每個參與者的個體，尤其是一些雙方或多方談判的會議，己方內部一定要在會議開始之前就統一意見，至少要統一原則。一般來說，在開始正式的會議之前，己方是需要首先召開一個內部準備會議，成員就即將召開會議的議題和可能達成的決議進行討論，並產生統一的結果。一定要有決定，並且各成員在參加正式會議時的行為，應當嚴格遵守準備會議時的決定。

2.盡可能多地收集與會部門和代表的有用資訊

　　與其他會議一樣，參加各部門間的會議也需要盡可能多地收集參與各方的相關資訊，不過由於部門間會議的特殊性，既需要儘量多地收集對方部門的資訊，也需要儘量多地收集對方部門中一些成員的有用資訊，特別是這些成員在部門中的重要地位、影響力和對會議議題的特殊態度。獲得資訊之後，要進行認真分析研究，以期

推測出對方部門可能採取的態度、部門成員的特點以及有可能的突破口。

另外，全面瞭解一些關於對方的資訊，在會議中也會對雙方的交流有所幫助，並可能提前博得對方的好感。但是，一定要強調資訊準確的重要性，否則就可能會帶來嚴重的不良後果。

3.會議中己方成員相互配合

由於各部門間的會議是一種以整體形式參與的活動，團隊的合作精神就更加非常重要了。參加會議的人員作為一個團隊，一定要有主管，負責會議前組織準備，會議進行中控制局勢，以及會議結束時做出決定。其他的人員也應有明確的分工，例如，由誰負責會議議題資料整理，誰負責對方部門資料整理，誰負責公關活動，誰負責後勤活動等等，甚至可能安排誰在會上扮演「強硬派」，誰在會上扮演「妥協派」，以便在會上盡可能的獲得最大利益。

各部門間的會議肯定比平常的會議更複雜，但只要把握住本文提到的幾方面工作，就可以化繁為簡，有重點、有針對性地在部門間的會議中應付自如了。

8 掌握會議的進度

　　議程設計是高效率會議的開始。無論是臨時或固定召開的會議，議程規劃都是非常重要的。好的議程設計有助於討論上軌道，也就是能在預定的時間內討論各相關議案細節。好的議程設計也可避免討論離題，系統地幫助與會者一步步達到目標。在分發給與會者的議程表裏，也應標明各議題所預計使用的時間，供主持人及與會者遵循。議程表最好有固定的格式，以確保在設計議程時，不致遺漏須考慮到的事項。

　　會議拖得太長的原因有很多，包括會議沒有準時開始、沒有按照預定的時間進行議案討論。以及預計時間不夠等。這些現象其實都起因於同一個問題：與會者對於時間的運用缺乏共識。即主持人和與會者若缺乏有效率的討論整合能力，常會導致會中無法達成決議，或有討論而無決議。

　　「缺乏討論整合能力」指的是，在話題轉換時沒有人將已討論的事項做有系統的歸納。有效率的會議應是對議程規劃裏的各個子題，在討論後一一做出總結，以逐步達成決議。主持人應時時注意將與會者提出的新意見與討論過的建議相整合，在必要時可以打斷發言，把各種意見中彼此相符合或相衝突的部分做比較。討論的議案如果沒有適時做整合，討論常常就會沒完沒了。

　　主持人一方面要做整合，另一方面也應請與會者對各點再做一次確認。如有疑問，應立即做修正。當這個步驟完成後，才能開始下一階段的討論。雖然逐一確認各點是否已達成共識可能要花相當

多的時間，但卻能大幅提升決議質量。

　　為提高議事質量，主持人可指定一人在會中「扮黑臉」。其工作是提出反對意見，以幫助發言者修正其觀點。「扮黑臉」者的工作主要包括：

　　①研究跟大家想法相反的意見；

　　②發表反對意見，確保大家都瞭解反對意見；

　　③陳述意見後，調查有多少人因此持保留態度；

　　④質疑既有的假設，及證據不充分的言論，例如：我們有證據證明這是個非解決不可的問題嗎？我們確定排除這個問題，就不會產生其他問題嗎？之前有沒有先例證明採用此步驟會比較好？有沒有可能這只是個現象，而非真正的問題所在？我們有足夠縝密的計畫，來執行這項決議嗎？我們能確定此份「損益平衡表」是對的嗎？等等。

　　為何會中有人「扮黑臉」是如此重要？這是因為許多屬下不敢提出跟上司相反的意見，甚至以為多說多錯，把所有問題都「合理化」，不假思索地接受多數人的意見。因此，許多沒有反對意見的決議，後來被證明是錯的。

　　「扮黑臉」者其實是為達成最佳決議最合作的角色。因此「扮黑臉」者在批評時千萬不可心軟。當然「扮黑臉」者也不是要刻意為反對而反對，而只是對未經仔細討論的部分提出犀利的批評。

　　除了在會議中提到的「扮黑臉」者的重要性及意見衝突的化解外，在會議中還應注意以下幾點。

1. 發言時間的分配

　　研究表明，造成小型會議溝通不良的關鍵，在於時間分配不當。相反，效率較高的會議在時間分配上也較為均衡。

　　由於經理會議是由各個部門的經理參加，人數相對來說不是很多，所以下面給出一個理想的 6 人會議的發言時間分配比例，以供參考。

　　會議主持人——25%；會議記錄員——15%；成員甲——15%；成員乙——15%；成員丙——15%；成員丁——15%。

2.會議進度的掌握

　　會議進度的掌握，向來被認為是主持人的重大責任。如果會議進度掌握不好，則會議很難達到其預定目標，會議也就很難起到其應有的作用。如何有效地控制會議的進度呢？

(1)控制發言時間

　　有太多的「饒舌者」可能會使討論超過預定時間。這些人話雖多，內容卻可能無關緊要或無重點。主持人應觀察那些人有這種毛病，在請其發言時，要求盡可能簡短扼要。發言者如重複已經說過的話，主持人適當提醒或制止，因為時間控制不當，會降低會議效率。

(2)在會中儘量減少與議題無關的爭辯與討論

　　會議中與議題無關的討論不僅會浪費會議的時間，還會降低會議的質量。因此，要保證會議有效進行，減少離題跑的爭辯與發言是必需的。

(3)可以採取有聲互動法和無聲互動法控制會議進程

a.有聲互動法

　　某些暗示性的話語或聲調，可以鼓勵發言者繼續發言或暗示其該閉嘴了。通常面帶微笑地說：「嗯」、「對！我瞭解」、「不錯！繼續講」都是對發言者的正面回應。相反，如果面無表情地搖頭，或是說：「哦！是這樣嗎？」就暗示發言者應該停下來，思考一下其論點。

以上這些暗示性的話可以幫助主持人巧妙地控制與會者的發言時間及內容。

b・無聲互動法

無聲互動也是掌握會議進程的一種方法。主要包括：點頭、轉移視線、微笑、以目光暗示「繼續講」或「該閉嘴了」。其他肢體動作有：以手敲桌，暗示「說得好！」或「然後呢？」而改變坐姿或蹺腳則可用以暗示「快失去耐心了」以及感到挫折。適度地運用無聲暗示法，對會議控制有顯著的功效。

3.結束會議

許多會議常常超過原定的結束時間，而在與會者不得不離席的情況下，才草草結束，這實際上降低了會議的效率。因此，我們應注意以下幾點：

(1)預留出足夠的時間做結語

一般來說，1 小時的會議結語時間約為 5—7 分鐘，用以歸納總結以達成的共識及那些議題可以留待下次討論。之所以結語時間很重要，是要避免與會者忘記已討論的事項，使會議前功盡棄。

(2)準時結束會議

如果每次主持人都能準時結束會議，久而久之，與會者自然能在預定時間內完成討論的議案。

9 會前多溝通，勝於會場爭論不休

很多問題解決不了的時候，管理者喜歡開會協商，但若是要拿到會上表決，如果事前沒有私下進行協商、溝通，開會時，與會者就會因分歧而吵鬧不休。如果私下進行了溝通，與會者達成了一致，就少有人在會上因為分歧而吵鬧不休，從而加快了會議的進程。

開一個小時的十人會，需要 10 個小時的時間成本，還不包括下發通知、會場準備、會後清理等瑣碎工作所耗費的時間成本。管理者要好好考慮一下：讓下屬放下手頭工作去開會，時間成本是否太高。如果下屬都有急需處理的事，你就沒必要花一小時的時間來開例會或者培訓會，得不償失。

任何外來的新觀念的引進，最容易引起人們的抗拒。

任何方式的辯解或當面還擊，均不足以產生良好的效果。你應在會議之前，先與這些可能反對你的意見的人進行疏通，以便安排一些足以維護他們的顏面的措施，甚至取得他們的某一程度的諒解或支持。必要的時候，你也可以讓他們用他們自己的名義提出你的觀念。

1. 如果會議召集者的級別較低，在召集一些重要會議時，就可提前先做工作簡報，老闆、上級看完簡報後就知道他們應該如何說、如何做了。有的問題可以馬上協商解決，不必再等開會時討論。

2. 如果會議召集者、主持人在會前把一些重要問題、議題或決議提前整理好，發一個電子郵件給與會者，或透過聊天室以及群發短信進行交流，將更有利於在會場上就某一個問題達成一致。

3.對於一些非常需要團隊合作、需要大家透過群策群力的方式溝通協調的問題，可以透過開會商量；但重要的決議，以及短時間內難以協調的問題，幾個核心管理者可以在會前進行面對面的溝通，開一個小會。要知道，有時三個人在走廊裏碰面，花 5 分鐘討論一個項目，效果就等於開了一個高效率的短會。

4.飲水機旁交談。開會前，可在飲水機邊、會議室外的走廊中，與下屬、同事溝通一下，也許隨意的幾句話，就可讓他人敞開心扉，獲得他人的信任，有利於開會時就某一問題達成一致。

10 會議討論要圍繞住核心議題

有些會議總是主題不明確，遊離於主題，無法緊密圍繞既定的主題展開會議。這種現象就是我們常說的「跑題了」。

大家你一言我一語地討論著，到最後卻發現針對的不是同一個問題，會議的重點早就遊離於會議議題之外了。當會議由一個主題變成多個主題的時候，大家時間和精力就被瓦解在零散的討論中，而會議的真正目的卻沒有達成，時間也浪費了，幾乎所有人都對這一點感同身受而且深惡痛絕。所以，會議就要圍繞核心討論，大家的發言始終要針對同一問題。

很多時候，會議的發起者並沒有想清楚「為什麼要開會」，他只是模糊地認為，有些事情需要大家聚到一起商量一下，而對於會議的主題、目的則缺少認真的思考。他們經常說：「既然大家都在，就看看我們應該首先討論什麼問題？」參會者更是丈二和尚摸不著頭

腦，在會議室耽誤大半天的時間，卻不知道會議究竟是做什麼！所以，會議前首先要做的就是要找準會議議題，這樣才能夠有的放矢。

會議的議題是會議的核心，會議主持人必須在開會之初就把議題說明白：那一項議題必須在會上由與會者做出決定；那一項只需要與會者表明意見即可；那一項需要當事人在會上做報告，然後讓與會者回去進一步思考；那一項有待於客觀環境的配合才能解決；那一項與會者必須贊同；那一項需要建立一個專門小組去作進一步研究對策……

首先，一定要讓與會者充分瞭解如下問題：議題的內容和為什麼要請他來參加討論，討論的理由，事情的現狀，現有的解決方案以及對此方案的正反兩方面的意見。

其次，要適時地終止辯論。有時辯論已經達成了某種妥協，但主席卻沒有發現，結果是「夜長夢多」，節外生枝。及時終止辯論的情況有多種方式，如，基本一致而及時終止、求同存異而及時終止等。

最後，簡明扼要地歸納。每一項議題經過討論後，主持人應當簡明扼要地將決議的結果報告給與會者，同時留下記錄。

在這一過程中，主持人的作用很關鍵，他的責任就是保證議題不分散，圍繞核心討論，始終針對同一問題。時刻注意控制偏離目的的那些人，並緊緊抓住議程。如果會議因為與會者厭倦而停頓，或者偏離了主要議題，主席的責任是重新啟動討論並將它限制於正在討論的議題。

11 會議討論離題的對策

　　主席的職責之一，就是在討論有了離題的傾向，尤其是發言者意見太偏激時，能在冷靜思考的基礎上成功地尋找契機來儘早予以糾正，爭取讓與會人員和發言者本人都能愉快的接受。處理離題情況時可以按照以下方法進行：

1.及時發現離題傾向

　　離題現象的共同點都是討論的內容不是此次會議的中心議題，其表現形式一般有兩種：

　　⑴與會者或許由於思維偏見，或過於注重理論闡述，結果反而抓不到頭緒或根本沒有重點，這些都可能導致發言脫離主題。一般都開始於這樣的話語：「我還沒有聽到過任何人提到……」，「首先，我認為我們必須考慮……」，「你們似乎都忘了……」，緊接著使議題轉入那些獵奇者所特別喜歡的軼事。如果會議主席聽到了以上這樣的開頭，或聽到與會者開始那種深奧理論的大篇闡述，這時都需要及時提高警惕，因為這些都可能是與會者離題的信號。

　　⑵另一種離題者是那些喜歡在底下開小會的人，這種情況不但會讓會議主席有一種芒刺在背的難受感覺，而且會議主席若不立即制止底下開小會的離題者，必將對其他與會者也產生很大的負面影響。如果發現有幾個與會者在竊竊私語，或是把頭一直低著，那麼請注意了，這些都可能即將是或已經是離題者了。

2.迅速處理問題

　　會議有了離題者或離題的傾向，如果會議主席對此聽之任之，

這樣的情況就會繼續發展下去並越來越嚴重，從而破壞整個會議的成功進行，所以會議主席要迅速採取措施，遏制會議離題。

(1)應對離題發言者。對於思維偏見的離題發言者，較好的解決辦法是及時讓他回到會議的議題上來，說明會議議題的重要性，這種作法有效而又不失禮，例如您可以說：「等一下，××先生，我們正在討論電視機的發展前途，請問在這方面您有什麼新的觀點嗎？」

如果離題者純屬無意間的行為，以上善意的提醒就足可以起到應起的作用了。如果是由於離題者自己抓不到頭緒或重點而造成的離題，會議主席可以採取這樣的方法：請發言者用比較精確的說法再解釋一次，以便能讓大家聽得懂；或者請他說明他的意見何以能解決目前大家在討論的問題，這樣就可以把離題者引導回正題了。

如果這位先生不識時務，對您善意的提醒置若罔聞並繼續離題萬里時，作為會議主席，您就應該毫不客氣地再次打斷他並使會議立即回到議題上來。

(2)對於開小會的離題者，可以採取以下措施解決：停止說話或示意發言者暫停，使會議突然靜下來，私下談話的人就會馬上警覺；或者向其提問，讓他們把正在討論的問題告訴大家，這種舉措也能讓開小會者不敢再繼續分心；還可以徵求開小會者的意見，問他們是不是覺得應該先分組討論，然後再把各組結論集中起來討論。這個方法可謂順其自然，有時也會產生非常好的效果。

3.預防措施

對於離題現象，如果是等真出現了問題以後才著手解決，這會使會議主席變得非常被動。最好的方法還是做好事先預防的措施，始終不讓離題現象出現。

(1)設計嚴密的議程。很多離題現象的出現都是因為會議議程不

嚴密所造成的,即議程之間出現了脫節的情況,讓與會者思維轉換的間隙給了「離題」可乘之機。所以最佳的預防措施就是事先認真、週密地推敲議程,將各種有關聯的議程放在一起,如果關聯不大,也要做好連接的工作,使議程之間能夠平滑過渡。

(2)盯住經常離題的與會者。會議中很可能存在一些「常任離題者」,他們在會議上經常離題,也許並不是有意所為,但主席一定要隨時瞭解到他們的情況。尤其在他們發言時更要特別注意,一旦有了離題的傾向,就要及時制止。

據瞭解,多數會議都存在離題現象,對於這個常見的問題,會議主席應當有一定妥善的處理經驗和方法。及時、有效地遏制離題現象,可以為會議節省大量的時間和與會者的精力。

12 為何會議冷場

在主持會議時,有時會出現冷場,主持人應分清沉默的原因,分別採取相應的對策措施。

1.因膽小害羞或缺乏經驗而保持沉默

如果是與會人員因為膽小害羞、缺乏經驗而保持沉默,主席應該主動鼓勵他們發言,也可以進行啟發或提問,並告訴他們說錯了沒有關係。當他們發言時,應從表情上顯示對他們發言很感興趣,同時對他們發言中合理的方面及時給予肯定,打消其害羞沉默狀態,增強其發言的信心和勇氣。

2.因顧慮或怕言多有失而保持沉默

如果是與會人員有顧慮、怕言多有失而保持沉默，主席就應努力創造民主、寬鬆的會議氣氛，打消他們的顧慮，鼓勵他們暢所欲言，敢於發表自己與眾不同的觀點，敢於講真話、講實話。

3.因清高閉守或不肯多言而保持沉默

如果是與會人員清高閉守、不肯多言而保持沉默，這一類人往往是閱歷較深、處事比較嚴謹、有自己的見解。他們一方面想表現自己，另一方面又擺出一副清高不凡的架子。對這類人，主管應該多給他們一些鼓勵和尊重，讓他感覺到自己的意見很重要。例如：「老劉，你對這個問題很有研究，是這方面的專家，大家都想聽聽你的看法。」這樣，老劉受到鼓勵和尊重，就很難推託。

4.因持不同意見或抱對立情緒而保持沉默

如果是個別與會人員持不同意見、抱對立情緒而保持沉默。這類人要麼是對議題有不同意見不想說，要麼是對主管有意見不願說。應從團結的願望出發，不計個人恩怨，以親切的感情和語氣使他們改變態度，可以向他們主動發問，並對他們的發言持重視態度，使他們講出自己的真實看法。

5.因不願意第一個發言而保持沉默

如果是大家都不願意第一個發言而保持沉默，主席可以用幽默風趣的話語打開與會者的話題，也可以點名，讓性格外向、膽子較大或資歷較深的人先帶頭發言，以此帶動大家的發言積極性，從而打破沉默的局面。例如說：「老沈，你大概早就考慮好了發言內容，大家都等著聽你的意見！你帶個頭吧！」萬事開頭難，有人帶了頭，下面就有人跟上。

13 如何應對情緒冷淡的與會者

　　主席所扮演的角色，是「群體中的一位」與領導者的雙重結合，每一位會議主席對此都要有明確的認識。在會議中，要切實保證每個與會者的發言都能達到最好的發揮，當出現由於某些原因造成部分與會者對議題討論情緒冷淡的情況時，會議主席就要適時採取恰當的措施來激勵與會者，使會議氣氛活躍起來。

　　根據與會者情緒冷淡的原因，可採取下列恰當方法來應對：

1.保證每個人清楚他們為什麼出席會議

　　與會者可能會對會議的目標，或自己出席會議的目的有些迷茫，這容易致使他們失去參與會議的動力。針對這點，會議主席應當保證每個人清楚他們為什麼出席會議。主席需要重申會議的目的以及他希望事情得到處理的時間限制，這種限制必須正面提出，使人們認識到時間的寶貴和緊迫。有必要的話，還可以將與會者的分工重申一下，以提醒與會者清楚自己應盡的職責。

2.尊重每一位與會者

　　有時與會者會產生自卑的情緒，這種情緒被引發的原因很多，其中一種就是受到主席或其他與會者的影響。為此，會議主席應當尊重每一位與會者以及他們的意見，讓與會者知道提出自己的觀點是他們的權利，除非必要，不要隨意打斷任何人的發言。另外，主席還可以對不太踴躍的發言人點名要求其發言。

3.鼓勵與會者具有集體感

　　有的與會者對會議沒有從屬感，認為參加會議是被迫所致。這

時，會議主席應當鼓勵與會者具有集體感。可以運用一些語言上的技巧，例如經常用「我們」這個詞，可以起到意想不到的良好效果。這個詞非常親切能讓他們更加深切感到，參加會議的每個人都屬於一個集體，令他們與其他與會者主動交流。

4.保證自己平等對待所有的與會者

由於個人情況和所處地位的不同，有時一些與會者會感到自己受到了不平等的待遇，如發言時間不充分，被剝奪了反駁他人意見的權利等。主席應當切實保證自己對所有的與會者都能公正地平等對待，讓他們都有機會解釋自己的觀點、態度，申辯自己的情況。

即使對待反對者也應如此，不要由於自己的喜好而影響了會議的順利討論。如果與會者看到每個人都可以平等地發表自己的意見，冷漠和搶奪他人發言的情況就會大大減少。

5.保證討論與會者認為重要的事情

如果與會者認為自己被忽略了，就會擺出一副「隨便您吧，我不管了」的消極態度。對此，會議主席應當保證討論與會者認為重要的事情。這在會議開始時可能不太容易做到，主席要有一定的技巧。如果這件事與現在討論的問題密切相關，那自然值得討論，即使會議可能因此而有些超時也是值得的。如果這個問題不合適，可以巧妙地提出如下建議「我們也許可以在會後好好討論這個問題。」

會議主席要注重激發與會者們的思維活力，隨時注意與會者的心理狀態，引導大家共同營造越來越好的會議氣氛。

14 主席如何面對針對自己的異議

在召開會議時出現了反對自己的意見，是對會議主席個人水準與控制能力的一種最好考驗。會議主席對異議的接受度及對異議者的包容度，常是與會者十分關心的問題，尤其是有著上司、主席等雙重身份的會議主席的態度，更是與會員工言行的榜樣。上司若一味地壓制異議，企業經營就像一顆潛藏的定時炸彈，員工何時會爆發不滿情緒就不得而知了。

如果想在會議上面對異議做出適當的反應，可以遵循以下步驟：

1.接受異議

面對異議的首要表達方式是——不要評判異議的正確與否而應先接受異議。

異議提出時，會議主席常常不一定有足夠的時間來完全理解，往往只能有一個大致的判斷。如果認為異議確實是正確的，那麼自然需要接受它，這樣更可以充分體現會議主席客觀公正、實事求是的可貴態度，這對鼓勵其他人正確意見的表達很有幫助，而且最終會得到令人滿意的決議。

如果會議主席認為異議不合理，也應該先接受它，但是先接受並不意味著同意，可以對異議進一步仔細判斷。如果進一步判斷後的異議真是合理的，那麼就可以顯示主席負責任的工作態度：如果異議經過仔細判斷後確實不合理，主席應及時向大家表明這一點，同時也可以顯示會議主席的寬容和博大胸懷。

所以由此可以看出，無論異議正確與否，都應先接受，然後再

進一步判別。

2.判別異議

接受異議後，會議主席應對異議立即進行認真、週密的思考和判別，以正確鑑別異議的正確與否和異議者的目的，從而做出相應反應。

如果異議合理且與議題相關，那麼應立即表示支援，並建議其他與會者就此異議進行進一步的深入討論，最終做出恰當的決議。

如果異議合理但與議題無關，那麼在表示同意異議者的同時，可以提醒異議者現在討論的議題，並建議對他這個異議以後再做討論。可以說道：「哦，您說的我完全同意，不過我們現在討論的是……，不如我們改天再對這個問題好好談談。」

如果異議不合理，那麼也應該比較平和地表示出來，並提議讓其他與會者發表意見，以進一步判別，如果異議者仍然非常堅持自己的意見，那麼可以將話題叉開，以便進行正常的討論。例如可以這樣說：「嗯，您說得可能也有道理，然而今天會上時間不多，不如我們會後私下裏再談談？」

如果異議者的目的是有意針對會議主席，或企圖干擾會議進行。那麼就一定要堅決予以回擊，言辭上可以強硬一些，甚至包括一些威脅，例如說：「希望我們都珍惜這次開會的機會，以及大家的與會資格！」以維護會議的正常進行。

3.鼓勵異議

由於有時與會者慎於會議主席的權威，不願或不敢對問題提出異議，此時會議主席就需要對與會者進行熱情的鼓勵。

一種方法是可以在會前事先指定某人專司「黑臉」，在會上故意提出明顯錯誤的提議，當其他與會者對此錯誤的提議有所不滿時，

自然會把心中的疑問和批評都講出來。主席應暫時不要對異議發表任何看法，直到與會者能具體地闡述自己的觀點。否則在此之前，主席都要安靜地聆聽，防止有人插嘴打斷其意見。

正確的面對異議，不但可以享受異議帶來的另類思考，而且萬一在決議失敗時，也不至於成為眾矢之的，讓反對者有任何落井下石的機會。

15 主席如何化解會場上的意見衝突

與會者本身若能自行化解意見衝突，則創造高效率的會議就不會是一件難事。必要的話，主席應公開處理互相衝突的意見，但要極力避免引起與會者間的激烈對立。主席在化解衝突前，應該對持相反意見的兩方都有清楚的瞭解，並有折中方案可以妥善應對。以下是幾種主席面對意見衝突時所應持的態度：

1.明確衝突的正常性

在決策過程中，與會者有相左的意見是很自然的事，主席不需要粉飾太平，以避免進一步激怒意見相反的兩方。這樣會使雙方都喪失理性思考的能力，會議質量也會因此舉而降低。

2.重申會議目的

衝突的發生，通常是因為有兩個和兩個以上的意見太過迥異，提議人都會視對方為其主張的根本性障礙。其實這種情況的發生，常是由於雙方對彼此意見的一知半解所致。為避免此情況，可以參考以下方法：

請發言者簡短且清楚地再陳述一遍其意見；找出不同意見的相通性；將本次會議的期望再說明一遍，看何人的意見更符合此期望；指出最不符合此期望的意見之根源是什麼。

3.不要攻擊人身

避免將衝突發生的原因歸咎到人的因素，而是要找到使意見僵持不下的環境因素，例如，工作分配問題、主管領導方式不當、人事結構不良、甚至惡劣天氣作祟等各種環境因素。也不要情緒化，將對立的意見都捨棄不要。主席對不同意見，以及可能對立的雙方都要適時地安撫及協調。

化解衝突的另一個方法，是主席認真地將意見抵觸的部分系統地整理出來，並要求發言者提供更有力的佐證。例如，向某持反對意見的與會者要求：「您能提供足夠的證據，說明這個意見不合適嗎？」這樣的問題不僅有助於化解緊張氣氛，而且還能有效幫助與會者提出更具體的意見。

4.尋求其他方案

化解衝突的另一個方法，是盡可能找出其他的解決方案。在此提供一個可能的方法，就是把意見抵觸的部分，再分解成若干個小衝突，然後再分別找出其解決之道或折中方法。

5.轉移注意力

會議因衝突而不得不暫時停下來時，可以適時轉移話題。例如，主席再深入地解釋一次會議期望和已達成的共識，或暫時休息讓大家再好好想一想，也可請第三者來調停衝突，千萬不要賭氣地立刻做決定。

6.會前排除衝突

當會議主席知道會中有可能發生意見相左，且與會者又不可能

彼此讓步時，就有必要在會前就與這些人進行一對一的溝通。假設還是無法化解不同意見，主席就有必要表達對兩者皆不滿意的態度，請大家再仔細思考一下後果和影響。同時也要避免讓與會者覺得不滿意的態度是對某一個人來的。

總之，會議主席的職能，就是切實保證會議能成功地按預定的程序進行，保持溝通的順暢，在出現偏差時把會議從歧途上拉回到原先的過程中。

16 如何制止會議破壞者

會議的時間非常寶貴，與會者都應抓緊寶貴的時間進行議題的討論，並最終做出正確的決定。然而，因為會議破壞者的出現，使會議常常無法按照預定的程序順利進行，使得會議效率大幅度降低，甚至最終導致會議流產。會議主席的責任之一，就是當會議破壞者出現時，要及時地發現並嚴厲地制止他們。

希望發現會議破壞者，首先要瞭解會議破壞者的各種破壞技巧，以及早發現會議被破壞的可能迹象。

1. 會議的破壞者，通常會在會議開始的 5—10 分鐘內，先表現出與他人合作的態度。他們會慷慨地答應幫大家整合意見，化解不同意見。接著他又開始不遵照議程安排進行討論。而是一會兒說東，一會兒講西，甚至離題萬里。有時分析尚不充足就武斷地妄下結論。

2. 他會不停地打斷別人的談話，並趁機佔據別人說話的時間，很有可能成為本次會議中說話最多的人。他說話的音量大而且時間

長。別人可以在 20 秒內講完的話，他用了長達兩分鐘都說不完。當別人想打斷利用發言作為破壞會議的手段：起源於美國參議院制定的政策。與眾議院不同，參議院對發言時間不作限制。因此，一組參議員，有時是一個參議員，為了故意阻撓或拖延議會的行動而故意破壞會議進程。如 1957 年，南卡羅來那州的參議員瑟蒙德整整做了長達 24 小時的發言，以至於所有的其他議會成員根本無法表達自己對議題同意、反對或補充的意見。

3. 他們會不時強調資料還不夠全面，最好不要妄下決議。其實很少會有資料完全足夠的時候，然而這是他們擱置討論的慣用方法。有時候，他們會故意擺出令人捉摸不定的立場。一會兒嚴詞斥責，一會兒卻又熱心地幫忙整合意見（通常是整合對他們自己有利的意見），一會兒又故意挑起各與會者間的宿怨。

4. 他們會批評其他人的重要發現或分析。其目的純粹是為了極力降低其他人對此人的信任，借機使自己的意見被重視。他們被批評時會採取防衛態度。可能會強調：「我費了那麼多口舌解釋這個方案是多麼不理想，為的就是找出一個比較好的方案，然而您卻說我不願合作⋯⋯」這種說辭很容易讓大家把這個所謂「仗義執言」的真正會議破壞者誤認成是受害者。在博取大家的同情之後，更會肆無忌憚地破壞會議。

5. 有些會議破壞者常會刻意帶著令人費解的表情。例如，不論是被人批評或批評他人時，都帶著令人費解的微笑。雖然微笑本應是善意的表現，但不明就裏的微笑則很容易讓人困惑。有時，他們還會以肢體語言來干擾別人。例如，不停地用筆敲桌、背對著發言者、明顯地打瞌睡、大聲歎氣或故意看別處。

制止會議破壞者，可以通過多種方式，有時還需要多種方式的

共同進行。

1. 提防破壞行動。常言說得好，治病不如防病。同樣道理，制止會議破壞者的首要方法就是事先提防破壞行動。會議開始之前，會議主席應對與會者的情況略有瞭解。這些人當中，誰有過破壞會議的記錄？誰是「公認」的會議破壞者？這次會議誰會有破壞的動機？會議主席都需要思考清楚。如果可能，就阻止可能破壞會議的人出席會議，或針對他們可能進行的破壞行動提前做好預防準備。

2. 抵制破壞行動。很多破壞行動都有欺騙性的假相，無意間，其他與會者就很可能成了破壞者的幫兇，特別是會議主席，如果一旦被破壞者所利用，其破壞威力會得到極大的擴展。所以，主席因其職位本身重要性的要求，必須有能力辨認和應對破壞行為，並進行抵制，令破壞行為得不到支援的任何機會。

3. 實施發言時間控制制度。例如，規定每個發言者對一個議題只能有 5 分鐘的發言時間，超時者被暫時剝奪發言權。這樣就可以有效地阻止利用發言時間過長來破壞會議的行為。

4. 建立會議同盟。有時破壞者不是獨立作戰，而是幾個人相互配合進行的。主席一個人單槍匹馬與之對抗，很可能會被會議破壞者群起而攻之。所以主席也必須相應的在廣大與會者中建立自己更強大的聯盟，對破壞者進行統一行動，共同制止會議破壞者的破壞行為。

5. 公開譴責。將破壞者的行為與目的在會場的大庭廣眾面前公開揭露出來，令其他與會者都能清楚地看清破壞者的嘴臉，在會議主席權威性較強的情況下，這種方法最有效果，可以直接起到制止破壞者的決定性作用。但同時也具有被破壞者反咬一口的危險。

要真正徹底制裁會議破壞者並不是一件容易的事，主席要與所

有與會者共同提防、抵制、制止這些人，才能真正使會議不至於成
為個別人謀取私利的場所。

17 防止遲到的策略

　　無論做什麼事，總會有人由於種種原因不守時。比如說 2 點開
會，就有人到了 2 點 10 分左右才姍姍而來。如果等到遲到者全來了
之後才開始開會，等於使其他準時而來的人都損失 10 分鐘，造成時
間的大量浪費。為了避免浪費時間，主持會議時，可採取幾種防止
遲到的策略：

1. 運用「零數效果」

　　把開會的時間設定於「2 點 15 分」等有零數的時間。正因為大
家都習慣於「×點鍾左右」，以致把 1 點 50 分，2 點 10 分都看成「2
點左右」。於是，當加上了「15 分」的零數，這樣，開會時刻就並非
「幾點左右」，而是被特定於某個焦點時刻。經過這麼決定，老是遲
到的與會人員，開始變得積極，頂多只延誤兩三分鐘，這就是「零
數效果」。

2. 預先通知參會的人逾時不候

　　在通知開會時間，清楚表示會議是逾時不候的。這樣，即使參
加人員還未到齊就準時開會，遲到的人也無話可說，而且下次也不
敢再遲到了。

3. 設遲到席

　　會議通知幾點開就幾點開，過時不候。遲到者只好在豎有「遲

到席」牌子的座席上落座。為會議設「遲到席」的辦法好在操作極其容易，批評得嚴厲而又恰到好處。雖不是什麼大動作，但簡單有效，值得借鑒。

4.消除冗長會議

主持人應積極地採用迅速的談論方式，同時應明白所謂的會議，並不一定要浪費時間。不管是如何重大的決定，只要有心的話，在短時間內就可以處理妥當。所以，在會議開始以前，要做一種準備工作，叫出席會議的人提出「必須討論的內容」、「其問題點」、「解決的方案」、「每一個解決方案的利弊分析」、「本人所下的結論」等問題。把它們列舉出來以後，再複印幾份，分發給每一個與會者。這樣，會前就已經提高了出席者的問題意識。然後針對重點展開質疑討論，即可形式決議。

18 如何應對一些行為特別的人

在開會過程中，可能會遇到一些行為特別的人，他們也許並沒有什麼惡意，但他們的特別行為又確實會給會議帶來負面的影響。所以會議主席應當對他們採取一定的應對措施，以保證會議正常進行。根據這些與會者的不同表現，可以採取以下措施：

1. 應對始終沈默的人

會議中，可能會有一些人自始至終都保持著沈默，他們可能是根本就反對您的意見及構想，也可能是剛剛加入這個團體，情況不熟心裏緊張而緘口。

如果與會者只是心情緊張而已，應儘量鼓勵他發言，如果他願意發言，不妨讚許他的表現；

如果與會者沈默的真正原因是不同意您的意見，那麼您應該盡力啟發他說出不同意的根本原因，或許這會是一種很獨到的看法。

2.應對反對任何建議的人

有的人好像是天生的「反對派」，只要聽了別人的建議便會馬上用否定、負面的語氣加以駁回。

為了避免這種情況的發生，不妨在一開始就聲明無論什麼建議或意見，都歡迎大家大膽地提出來討論。在有人不斷批評別人提出來的建議的情況下，可以這樣提醒他：您很重視他以正面語氣所表達的意見。

3.應對開會時打瞌睡的人

開會時，可能會有一些人表現出非常疲倦的樣子，低著頭，或是將頭埋在胳膊裏，有的則是點頭打瞌睡。這些打瞌睡人的原因在於：可能他確實過於疲勞，但絕大多數打瞌睡者是因他認為與此會無關，或目前的議題與他無關，或許是發言冗長而空洞，或者沒有讓所有的人充分參與討論。

可行的做法是，休息 5 分鐘，等大家都回到座位之後，再把會議進行的速度加快；問大家是否要明天再繼續討論，要是無法將會議延遲到明天，最好每小時休息 5 分鐘。

應對這些特別行為的人，如果他們並沒有惡意，注意在採取措施時委婉表示，不要傷害他們的自尊心。

19 如何應對不同類型的與會者

　　一般來說，瞭解與會者們不同的需要和傾向，並試圖去分辨他們的可能動機，對於在適當時候對抗、轉移、消除他們的企圖，是操縱會議的關鍵因素。所以，需要針對不同的與會者而相應的分別採取不同的措施：

1.搖擺者

　　會議的目的是做出決定，這就要求會議成員們必須有獨立思考的能力，但並不是每個人都可以做到這一點的。有一些在此方面的能力比較差的會議成員，常常沒有主見又不能獨立做決定，一般會投向他們認為正確的一方，或是勢力強大的一方。、對於操縱會議的主席來說，如果向他們充分展示自己的強大實力，並另外再施加一定的壓力，就可以成功的令他們依附在自己身旁，從而在會議中增加支持者的比例。

2.延遲者

　　延遲者的通常表現是，總是要求儘量延遲作出決定，理由是別人要求馬上作出決定的理由不充分，而他們也總是能擺出一套理由證明別人的結論實現不了。他們既可能成為操縱會議的得力幫手，也有可能成為操縱會議的最大阻力。

　　主席可以對他們表現出進一步的興趣，例如，有目的地大力促使他們釋放這種行為；強烈地支援和引導他們去充分表達自身要求；不斷追擊，將耽擱者的行為壓向自己預設的方向。

3.拖拉者

這樣的人實際上不做多少有用的事，只是過分強調所有的問題，不管這些問題是真實的還是虛幻的，都會被強調並很容易地拖入沒完沒了的討論中，使其他熱情的與會者如同踩在濕毯子上一樣，被拖拉者拖住了前進的步伐。雖然他們在會議中提供不了建設性的幫助，但可以利用他們來成功的操縱會議，如果會議中真有一些雷厲風行的人，他們的過於熱情會常常阻止其他會議成員發言，這時拖拉就可以作為一種阻擋而出現。

4.逃避責任者

這些人經常為了維護自己的地位而逃避責任，為自己的失誤而責怪他人。這樣的人很容易造成會中其他人的憤怒。在操縱會議時，可以將其作為犧牲品以抵擋其他人的憤怒，另一方面也可以借助他們而將責任曲折引導至希望責備的人身上。例如，如果希望找到銷售經理的錯誤，不去批評銷售經理，而是先批評喜歡推卸責任的公關經理的促銷不力，從而影響了銷售額，公關經理因其一貫喜歡推卸責任而勢必把這次促銷不力的責任又推至銷售經理處。

5.反對者

反對者是主席在操縱會議時最難對付的人，一般應以壓制為主。具體的技巧將在下一個技能點中作詳細介紹。

將與會者控制在一定的範圍內，操縱會議的目的基本就已經達到了。

20 主席如何壓制反對者

與潛在的持異議者作鬥爭，是意圖操縱會議的主席必須要做的事情。壓制反對者，無論是反對自己的意見還是自己本身，都需要採取小心、堅決的措施。壓制反對者，可以從以下幾方面入手：

1.事前多溝通

很多問題解決不了，若是拿到會場上討論表決，就會因分歧而吵鬧不休，如果私下先進行溝通，可以加快會議的進程。

2.尋求支持者

在開會之前，欲操縱會議的主席需要列出廣義上的支持者。這些廣義支持者可以是完全準備積極支援的人，或是準備以緘默方式不投反對票的中立者。

事先作一個意向調查很重要。對支援自己的人數和範圍有一個基本的瞭解，並對支援率留有一定的餘地，以預防出現不可預見的因素。例如，一個預測中持支援態度的會議成員突然轉向中立，甚至反對自己。

修改與會者名單，設法讓自己的支持者盡可能多的參加會議，也是尋求支持者的方法之一。

3.瓦解反對者

不管反對者有多少，主席都要最大限度地削弱和瓦解他們的力量。最好事先約見他們，努力使他們保持中立，或儘量使其緘默。

如果不可能，可以採取一些其他措施，例如，應該讓大家都坐著開會，最好坐在舒適的椅子裏，這樣會弱化他們反抗的能力。

　　特別要注意的是安排與會者座位時，不要讓反對者坐在一起，否則會使他們的力量看起來更強大，一旦形成一個小團體，對會議進程的破壞性會更大；要將他們的頭頭安排在主席旁邊就座，這樣不但隨時可以有效地控制他，而且使他無法從主席眼神中瞭解他所希望知道的任何情況；將其他人安排到會議的遠端就座，不要讓他們靠近會議討論的中心區域，並且將他們分散地夾坐在自己的支持者之間，這樣就能極大地分散並限制了他們的反對力量，令他們無法相互交流，更無法重新組合或尋找應對的策略。

4.使反對者閉口

　　除了在座位上孤立反對者之外，主席有權力使他們在會議中的地位降級。例如，當他們想發言時假裝「沒看見」，使他們無法參與討論；抓住他們偏離主題的一瞬間，「勾銷」他們的發言權；應用「跳議法」或「終止辯論法」，限制反對者討論，從而達到使反對者閉口的目的。

　　此外，主席還可以「錯誤地」給支持者足夠長的時間說話，以對抗反對者，並且消耗會議時間，最大限度地使反對者發言時間不足。

5.其他措施

　　主席還有其他的措施以應對反對者，例如，估計到一項計劃可能會由於反對者的反對而夭折，活動即將失敗，主席就應立即收回此項計劃，目的是把它留到下一次會議討論，或延遲會議決議形成等。

21 如何處理遲遲不能達成協定的會議

通過開一次會，就能形成一個決議並不是一件容易的事，實際情形往往是由於遲遲無法達成決議，無休止的討論將會議拖入了漫長的等待中，不但令與會者疲憊不堪，而且必然使得大家對會議十分不滿。如何有效地做出決議，是困擾會議主席的最大問題。

根據研究，有四種會議決策方式廣泛運用於各企業組織之中。下面我們來看看它們是如何實行的：

1. 權威式決議

這是最常見的會議決策方式。決策幾乎由會中最具有權威的人（往往是會議主席）一人決定，其他與會者對於決議的產生，貢獻是有限的。權威式決策可迅速地達到使會議得出決議的目的，也具有所有強勢領導的優點。它的缺點是與會者對得出會議決議的貢獻有限，往往因此影響決議的質量，也容易因員工未被重視而降低員工的士氣。

2.「少數服從多數」的決議

這種方式經常用在員工層級，或開放式的會議場合。應用起來很簡單，即投票表決，過半數的決議為通過。現在，「少數服從多數」的觀念已經成了議事方法的一部分。這種方法由於以與會者意見為最終決議，可以提高與會者的參與度，並且充分體現了民主精神。但是也可能形成「多數人的暴政」，並且致使討論進程緩慢。

3.「強勢少數」的決議

雖然在表面上看決議是「少數服從多數」下達成的，但有時討

論過程是由少數人主導的，特別可能是會議主席所帶領的團體。這個團體提出來源可靠的資料來支援所提的論點，並說服他人支援這種觀點。這種方法的好處是，經過週密計劃的方案可以較有效率地讓其他成員接受；壞處是未必能得到詳細的討論。若因此達成的決議有瑕疵，此小團體通常會被責怪，會議主席也同樣可能受到牽連。

4.「無異議一致通過」的決議

此方法要求將所有的與會者都同意的結論作為決議，此種方法可以確保所有與會人士瞭解並同意所通過的決議，缺點是非常耗費時間，而且因其要求結論的全面性和一致性而有可能無法達成決議。擔任美國葛若格企業人力資源部副主任的羅伊。查理森博士說：「企業內部的重大決策最好能經過所有主管同意。」他強調，這個方法可以避免日後衍生出更大的問題。

達成明確的決議，不但是會議成功的表現，也是評判會議主席能力的最好標準。

22 主席駕馭會議的技巧

　　會議主持人的發言對會議氣氛、會議進程有著舉足輕重的作用。主持人要能夠很好地控制會議。在說明議題和作會議結論時，聲音要洪亮，語言節奏要適當放慢，要有適當的停頓，以表現出主持人的信心，形成一種無形的感染力，以助與會者聽懂和理解議題與結論。

一、控制會議進程的技巧

　　會議進程控制是一項重要的管理藝術，它需要依照會議規則進行，同時又需要根據不斷變化著的情況，靈活採用各種措施和方法，有針對性地調整各種關係了解決各種隨機性問題。為此，它又需要從事控制活動的人，特別是會議主持人掌握一定的控制技巧。這些技巧大體包括如下幾個方法。

　　1. 會議召開之前，主持人須認真研讀有關文件材料，瞭解議題和議程，瞭解與會者的構成情況及基本意見傾向。

　　2. 主持人必須嚴格守時，明確會議開始和結束的時間，準時開會和散會。

　　3. 主持人在會議期間應避免同其他與會者發生爭論，不能在決議形成之前發表傾向於某一方面的意見，更不能強迫他人接受自己的看法。不要炫耀自己，不要以與眾不同的姿態和語調講話，忌各種語病。批評要有建議性，應盡力避免同其他與會者產生直接衝突。

4.在組織討論時，應規定討論與不討論界限，給每位與會者以平等的發言機會和權利。應善於及時糾正脫離議題的發言傾向，並注意其方式，不能因此而挫傷發言積極性。

5.應善於對各種發言進行比較、鑒別和綜合分析，正確集中大家的意見。經常用簡明語言說明討論要點和有關發言人的發言要點。

6.當時機成熟時，應適時終止討論或辯論，及時確認結論形成決議，一個議題結束後應立即轉換議題，以免延誤時間或節外生枝。

7.多議題會議的議題安排次序應合理，一般情況下，需要大家開動腦筋、集中獻計獻策的議題應放在會議前半部分時間進行。

8.會議較長時，應安排暫短的休息並掌握好時機。休息不要安排在發言高潮，特別是某一問題或其中的一個方面的討論尚未結束時。

9.應以各種方法和措施，避免或減少與會者中途退席，特別是其中的主要人物應力爭不出現中途退席現象。

10.除非必要，一般不宜隨意變更議程。

主持人應聲音洪亮，舉止得體，有一定感染力，忌多餘的動作(動眼睛、玩文具、搔頭抖腿等)，忌語無倫次缺乏自信。

當會場出現混亂時，應保持鎮靜，及時採取措施結束混亂狀態。

注意創造與會議性質相適應的會議氣氛，科學安排會議中的高潮與低潮，及時分發會議文件材料，監督工作人員及時認真地做好會議記錄。

二、引導會議討論的技巧

主持人在引導會議討論時應有較高的認識水準，良好的思維能

力。在會議上，要善於提問，積極引導，能夠從不同角度、不同層面上發現問題、提出問題，進行辯證式思維、逆向式思維、發散性思維，對問題的看法不僅從質上去認識，而且還能從量上進行分析、界定。引導會議討論的方法較多是採用發問方式，另外，如有必要可以進行分組討論，每組指定 1 名小組長，到時集中小組的意見，由代表們代表小組進行發言。

美國管理學家卡爾森認為，主持會議討論的技巧有：

1. 為議事活動選擇好恰當的題目，使與會者對要討論的題目發生興趣；有在眾人面前表現自己的意見和觀點的慾望。

2. 佈置好開會的場所，使每一個前來參加會議的人感到自在，不至因環境和座位不舒服而分散精力或產生焦躁情緒。

3. 作為會議主持人的職責是推動會議的討論，但要避免親自解答與會者的問題，以便所有參加討論的人都能積極思考並參與。

4. 使大家的注意力集中在有價值的議題上，並引導會議在盡可能短的時間內達到最終的一致意見，但又不使參加會議的人感到會議主持人是在強迫他們。

5. 掌握和安排好時間，限定每次發言的時間，掌握好會議討論的範圍，隨時警惕有人隨意說出的一、兩句話將議題拉出會議討論的範圍之外。

6. 為會議做出全面的總結、記錄或報告，並貫徹執行，保證會議所確定的事項得以實現。

三、控制會議節奏的技巧

在會議召開的過程中，會議的節奏是一個不可忽視的問題。節

奏控制不好，會影響會議目的實現。節奏過慢，勢必會延長會議時間，耗費更多的人力、財力；節奏過快，有可能會造成認識膚淺、理解不透、決策草率，沒有真正達到會議的目的。因此，會議主持人一定要重視控制好會議的節奏。具體說來，首先主持人在會前有一個會議計畫表，對會議中議題的難易、議程的前後安排、可能出現的問題及對策……都應做好較充分的估計。在時間的估計上最好要有一定的彈性。其次，在會議進行中要時刻留心會議的進程。一旦發現節奏過慢時，則應想法採取措施調動與會人員的注意力、積極性、主動提問，多加引導啟迪；如節奏過快，則可多提幾個細節性的問題，在廣度、深度上下功夫。時間充裕的話，可以對每個階段的工作進行簡單的小結，並適當地強調要點、難點。

四、靈活駕馭發言的技巧

主持一個會議，重要的是引導與會者充分發表意見，積極參加討論。怎樣使與會者願意說話，並且說得透徹，暢達？怎樣提高會議效果？這就需要靈活地駕馭。

1. 指名法

主持人講完開場白，讓大家發言。開始時容易出現冷場。主持人可適當指名：「小李，您對這個問題很有研究，今天一定有好主意，先講講吧！」「老吳，您大概早就考慮好發言內容了，大家就等著聽您的高見哩！怎麼樣？您帶個頭吧！」萬事開頭難。有人帶了頭，下面就會有人跟著講。

2. 激將法

好馬也要揚鞭，強將還需激勵。主持人有時要用反面的話「刺

激」一些人，促使他及時發言。如說：「老嚴，您今天一言不發，看來是想『金杯漱口』了！」旁邊很可能有人介面：「老嚴向來能說會道，今天怎麼會甘拜下風呢？」這樣一激，老嚴還能不一吐宏論嗎？

3.點撥法

當人們對某個問題還似明非明時，常常難於發表看法。主持人應抓住關鍵。適當點撥，與會者便會頓開茅塞，話如泉湧了。如說：「這個問題正面一時看不清，假如反過來看呢？從它究竟有多少弊端的角度看，是否應下決心解決呢？」

4.覆述法

某人的發言十分精闢，主持人對此也有同感。為引導大家順此深入討論，可覆述他發言的要點。如：「老張認為，我們學校提高教學質量的關鍵。不在於嚴格考勤、考試上，而在於聯繫實際改進教學方法，說得很有道理。請大家對此議論一下吧！」老張聽了非常高興，大家討論也有了方向，會議就會深入一步。

五、防止會議討論離題的技巧

離題，不可直扭、強扭。那樣，既會傷害直接發言人的積極性，又往往容易使會議由熱烈討論急速轉變為冷場。扭轉離題現象，要講究技巧。比如，可以接著討論中的一句貼著議題邊緣的話，順勢向著議題討論的方向引申一下，使討論回到議題上來；也可以以時間不多了為由，直接提出新的問題，以扭轉離題。

在離題現象上，還時常碰到瑣事佔據會議大量時間的情況。這種瑣碎事情，可以認為是議題範疇以內的，但它是與會人員敏感的細小事情。對這種事情與會人員往往興趣大，有些人一定要糾纏個

水落石出，而把有重大影響的、不那麼緊迫的議題卻推到次要位置去了。對此，會議主持人要清醒，不能因為還沒有從根本上離題而不去處理。在具體處理這種偏離議題中心的情況下，會議主持人可以自己發言去直接引導，也可以對小事直接表述，快刀斬亂麻地解決問題，以擺脫此類瑣事的干擾。

23 主席的會議答覆要點

　　許多會議主持人都存有一種觀念，以為在會議過程中，與會者所提出的問題不僅需要獲得答覆，而且一定要獲得主席的親自答覆不可。這種觀念是錯誤的。試問：當與會者所提出的是與會議無關的問題，或是足以妨礙會議目標達成的問題，難道還要獲得答覆嗎？由此可知，主席應針對與會者所提出的問題做判斷，並決定它是否應獲得答覆。

　　就算與會者所提出的問題是值得答覆的，也不一定非由主席親自答覆不可。固然有些問題應由主席親自答覆，有些問題則可由其他與會者答覆，甚至可由發問者本人答覆。

表 3-23-1　會議答覆調查表

由誰答覆	在那些情況下
主席	・直接向主席徵求答覆的問題，原則上應由主席親自答覆。 ・只有主席才能答覆的問題，應由主席親自答覆。 ・因為時間不夠，主席想移轉到另一議案的討論時，可由主席親自答覆以節省時間。
其他與會者	・假如其他與會者能夠答覆時。 ・假如其他與會者想表示意見時。 ・假如時間充裕時。 ・假如主席一時不知如何答覆，或是需要時間去思索答案時。
發問者木人	・如果主席意識到發問者有意見要表達時，可讓發問者先答覆他自己所發出的問題。（在會議中我們常常發現，有些具有強烈意見要表達的與會者，往往會先以發問者的低姿態徵求主席或其他與會者意見，然後再表達其意見，以便令自己的意見與別人的意見之間產生強烈的對比，從而增加自己的意見受重視的程度。）
	・如果主席或其他與會者無法答覆，而主席感到發問者或許有他自己的看法時，則應讓發問者本人答覆。

24 主席結束會議的方法

結束會議前要制定或引出決議，在這個時刻，若沒有會議主持人的有力領導，往往功虧一簣。在閉會階段，要充分發揮會議主持人的權威。會議主持人要向與會者報告已得出的結論，尚存的分歧和會後要採取的行動。

1. 精要地總結會議

會議的總結方式相當重要，既要符合會議的氣氛，又要符合參加者的心理。主持人精要的總結，可以再次鼓動在會者的情緒，提高會議討論的質量。主要方法有以下三種：

(1)歸納法

把會議的主要成果提綱挈領地概括出來，加深與會者的印象。

(2)啟下法

用在本次會議中提出而還未得到解決的問題作啟發，為下次會議作鋪墊。如說：「今天大家提了不少問題，其中『為什麼亂攤派之風屢禁不止？』提得很及時很深刻，只是限於時間，今天沒有充分討論。請大家會後廣泛收集材料，深入思考，以便下次再議。」

(3)鼓動法

用鼓舞人心的話語作總結，以強化會議精神。

2. 達成無異議的結論

達成無異議的結論可說是開會的終極目標。

雖然無異議的決議是最好的會議結果，但其實也是最難落實的，若無法取得所有與會者對決議的認同，許多公司認為只要在主

要議題上獲得共識即可。許多會議研究者把這種在重大議題上達成共識的議事方式稱為「形式上無異議」。更具體地說，就是指取得大部分與會者同意，而少數人不反對的情況。另一種無異議是指「絕對無異議」，指所有與會者一致同意某議案。然而，無論會議是否能達成無異議結論，都不宜把無異議當作開會惟一的目標。

在不能確保無異議決議的情況下，我們只能說，無異議的決議會賦予此決議的促成者較大的使命感，在執行過程中受到較少阻礙。然而，要達到高質量的無異議決議也並非不可能。

在有系統、有情理的情況下所達成的無異議決議，質量通常不錯。與會者能否達成無異議決議，通常並不是因為滿意其決議內容，而是因為自己肯定此項議案的影響力，所以願意支持此決議的「正確性」。

一般來說，打斷別人被認為是粗魯的，而且會破壞溝通，但情況並不總是這樣。有時，有必要打斷某人的發言，而將機會讓給其他人。或者，打斷別人可以只是些簡短的支援性話語。「是麼，說得對。我絕對贊同你！」或者是快速地補充：「當然，這是幾天前發生的事嗎？」這樣，原先的發言者就可以繼續說下去。

作為一種在別的方法無效時，促使人們依次發言的方法，打斷別人的方法要慎用。如果會議主持人使用過分就成了一種以自我為中心的做法，而且將會降低會議主持人在會議中發言的可信度。

3.結束討論

會議結束，以會議討論的結束為標誌。此時此刻，會議主席更應當理清頭緒，從頭至尾流覽一下會議討論的全過程，結合會前制定的各項會議計畫，確定各項議題討論後的結果，是徹底解決，還是有待解決，或是其他情況；對於不同的討論對象應確定其不同的

最終討論結果，以便日後會議討論議題的明確性和連續性；最後向與會人員宣佈，會議討論結束。

　　4.確保形成結論和決定

　　會議一經收集信息，它的任務便是以合作、批判的方式分析它們，以得出結論和最終決定。要達到這個目的，需要制定標準，使之能客觀地使用；要分析證據，全體成員需要有認同的標準和技術來衡量信息來源的可靠性和數據的質量。一個會議的決策方法影響它的公正性和其他人員對它的滿意程度，因此要慎重考慮會議的決策方法。共識決策：比較理想。多數投票決策：獲得 50%的票數，這是一種進行決策的快速簡便的方法。權威決策：主要是由會議主席做出最後的決定，會議的參與者只是一個建議者。

25 會議結束後的整理工作

　　一次會議能否開好，是否達到了預期的目的，與會議組織和服務工作的水準有著直接的關係。一些重要會議或大型會議活動結束以後，負責會務工作的同仁，應該及時召集全體會務人員，對整個會議的組織和服務工作進行全面總結。以便積累經驗，發現不足，從而明確今後搞好同類型會議組織和服務工作的借鑒之處。

　　1.一定要編寫會議記錄

　　會議紀要是對會議的進行情況、會議的一致性意見和會議決定事項整理而形成的公文。在實際會議活動當中，會議要指定專門人員，並按照特定的程式進行會議記錄的編寫工作。

2.整理有關會議文件

會議召開以後，作為會議的文書工作還有以下工作要做：

· 向上級機關和有關部門寫出會議情況的報告。

· 根據與會人員提出的修改意見，完成在會議前沒來得及定稿的會議文件。

· 辦理會議特定文件的印刷和分送。

· 將會議文件進行整理、立卷、歸檔或銷毀。

3.會議善後工作

會議善後是指會議宣佈結束以後，會議組織者就本次會議活動所做的收尾工作。

· 安排參加會議的領導人員和會議來賓離會，為外埠與會人員購買返程票和送行。

· 清退會場，卸下為佈置會場而特意安裝的有關設備和器材，以恢復到本次會議使用以前的狀態;向會場管理部門作出「使用完畢」的報告，並辦理付費的有關事宜等。

· 清退住宿場所，為個別與會人員辦理會後暫住事宜等。

4.會後新聞報導工作

一些公開的會議，會議中形成的有關決議和方針，一旦形成文字，經大會秘書長審核把關後，即可通過傳播媒介廣泛宣傳，以推動會議精神的貫徹落實。

5.會務總結

會務總結一般是以開總結會的形式進行，全體會議服務人員都要參加。也有的重要會議，如果有人有具體要求，就需要在開好總結會的基礎上，寫出書面會務工作總結，交給有關主管審閱後，作為大會的文件材料，連同會議記錄、會議文件、會議簡報等，一併

歸入檔案。

26　主持會議能力的自我測試

　　回答下列各題，標出最接近你情況的選項，要實事求是。將你的得分加起來，參考「分析」部份，看你得多少分，並根據答案來找出最需要改進的方面。

　　選項：1 從不， 2 有時， 3 常常， 4 總是。

1.每次我都讓會議準時開始。　　　　　　　　　　1 2 3 4

2.我確保與會者都能理解上次會議的備忘錄。　　1 2 3 4

3.每次會議我都按照議程進行。　　　　　　　　1 2 3 4

4.我會給全體與會者解釋清楚每次會議的目的。　1 2 3 4

5.我允許大家暢所欲言。　　　　　　　　　　　1 2 3 4

6.我瞭解每個與會者的動機和潛在目的。　　　　1 2 3 4

7.我確保每次會議中全體與會者都積極投入。　　1 2 3 4

8.我確保自己為每次會議都做了充分的準備。　　1 2 3 4

9.每次正式會議開始前我都會參閱會議程序指南。1 2 3 4

10.我確保每次會議的記錄全面而正確。　　　　　1 2 3 4

11.確保與會者瞭解下次會議之前所要採取的行動 1 2 3 4

12.我確保與會者知道下次會議的時間和地點。　　1 2 3 4

　　分析：現在你做完了自我評估，將你的全部得分加起來，閱讀

對應的評價，看看你的表現。無論你主持會議的水準如何，都有待改進的餘地。

12～24　你的技巧需要大大改進。請重新考慮你應如何擔當這個角色，並採取行動。

25～36　你有一定的能力，但必須集中改進你的弱點。

37～48　你主持的會議能順利進行。但是每次會議各異，所以要堅持做好準備。

心得欄 ----------------------------------

第 四 章

如何參加會議

1 參加開會，是門技術活

開會時，一些員工為了表現自己，肯定會積極發言,如果發言精彩，就能給老闆、上級和同事留下好印象，這也等於在職場中邁出了成功的一步。

其實，發言是一門技術活兒，要想有精彩的發言，一定要多瞭解並掌握一些發言術。

林肯說，砍樹若需 8 小時，我會花 6 小時磨斧。一個精彩的發言是要經過長時間認真準備的，即使是兩分鐘的即興發言，也應該認真準備。例如，弄明白會議主題，自己為什麼來開這個會？參加會議的都有誰？會議一要解決什麼問題，達到什麼目的？

瞭解完這些情況後，一定要提前查閱相關數據、材料，事先想下會議中可能遇到的問題。例如，自己的觀點，別人會不會提出反對意見？應該如何說服他人認同你的觀點？

　　當你準備充足，充滿正能量，滿懷激情地發言時，你會驚奇地發現，聽眾很快會為你的自信與魅力折服。

　　效率是衡量一個會議成功與否的重要指標。要想讓自己的發言有效率，人聽人愛，一定要做到簡明扼要、開門見山、主題清晰、言之有物。要做到這一點，就要在開會前寫好發言稿，發言稿儘量提綱挈領，條理清晰，先講觀點，再說理由，把發言內容列成條目，每個條目都能用幾個詞或者一句話概括重點，每一個相關條目下要用數據、材料論述。

　　發言開頭很重要，特別是剛開始的一分鐘，一定要吸引人。要做到這一點，最好用故事或者有說服力的數據。

　　開會態度很重要，開會時一定有自信。因為自信的人全身都會散發一種熱力，令身邊的人被你吸引。但不能太過自信，太過自信就是狂妄自大，不管同事還是上級，都不會喜歡一個狂妄自大的人。

　　要想有高水準的發言，那就要平時多看些書，豐富自己的知識，這樣才能表達到位，說出高水準的話來。

　　發言要因人而異。要做到發言得體，一定也要「對號而發」。例如，你是公司資深員工，可以就事論事，直奔發言主題；如果你是新人，不妨先簡單地做一下自我介紹，介紹一下自己的名字，供職於那一個部門等。

2 會議參加者必知事項

　　會議是透過對討論來造成好的合作關係的場合，希望參加會議者都要具備這一認識，為達到這個目的，參加會議者對他人所作的努力都應該給予積極的合作。但是所謂的協力，決不是扼殺自己的意見，或放棄自己。

　　有人在會議席上忘了自己的立場，自始至終得意地講個不停，有人則相反地從頭到尾一言未發。

　　看到不講話的人會覺得「到底為什麼要出席會議」，很不可思議。既不能讓別人認識你的存在，也是自失向上司表現的絕好機會；講話太多的人會被看成「討厭的人」。這是因為這兩種人都忘了在會議席上「自己應該做什麼」。

　　要出席會議時，先決定你是以領導人或是以參加者的身份去出席。忘了身為會議領導人而被捲入爭論並不去作結論是很傷腦筋的事，可是不是會議領導人而自充領導人，顯示得意洋洋者也是很令人頭痛的事。這些都會使會議時間拖長，令會議混亂。

　　下面看看會議參加者一般應該具有的心理準備。

◎是否已有萬全的準備

　　參加會議並不是只去露露臉就可以。接到會議通知，首先要詳細閱讀通知內容，將時間、地點登記在自己的預定表上。假使是用電話或口頭的通知也是一樣的作法。憑模糊的記憶到時候沒有辦法按時到達時，便一開始就失敗了。

　　萬一會議的時間與其他已決定的時間重覆時，便須判斷何者重

要性大，而放棄其中之一。如果因而不能參加會議時，要即刻與上司或會議主席聯絡。

如果對方要求你派代表出席，你應該馬上指定代理人並與對方聯絡，同時要將一切給代理出席者交代清楚。

將會議主題牢記在心，預先詳讀送來的資料，先整理出自己的意見，再將自己認為必要的資料準備好去參加。

要事先將所有的事情交代好，以免會議中有一再離席進進出出去聽電話，影響會議的進行。

◎出席會議時的基本態度

出席會議時的基本態度總而言之，可歸納為謙虛、正直、冷靜、誠實及寬容的精神。

傲慢的態度，在你還沒有陳述意見以前就會受到反感了。當別人認為你說的話不完全可靠時，即使是正確的意見，別人也會給你打折扣。一看好像很冷靜者，如果說話帶諷刺也會引起他人的怨恨。正直雖好，但頑固不一定是很好的。

人是多種多樣的，但是都以善意來解釋的話，誰都會有某些好的意見，拋棄成見，以一張白紙一樣去傾聽他人意見是很重要的。

的確，如果是光一個人開會，經常是全場一致沒有爭論的餘地。人多所以開會才有意義。但是，在意見的交換或討論之前，人格才是最重要的。要想會議能圓滑進行，每一參加者的自我控制是不能缺少的。因此說會議是人的修養場所。參加會議次數多的人，人就變得很圓滑。

3 參與會議前的準備

如果公司通知您要參加某個會議，那麼不要認為在會前無所事事，只要靜等會議開始就行了。其實，如同組織會議一樣，要想很有成效地參加會議，同樣離不開做好充分的事先準備。做好會前準備，可以依照以下步驟進行：

1. 確定會議目的

準備參與會議的第一步就是要確定會議的目的。可能有人認為確定會議目的很簡單，只要看看會議通知或會議安排就可以了，其實不然。因為會議通知上並不一定會明確地寫出召開會議的目的來，而會議日程上一般只列出題目而沒有會議目的，所以單憑看看會議通知或安排，是很難瞭解會議的真實目的的。

與會者可以從會議組織者那裏來更多地瞭解他們召開會議的目的，可以當面詢問組織者，例如直接問：「您能告訴我這次會議的主要目的是什麼嗎？」如果組織者不願對這個問題進行回答，也不要緊，與會者還可以通過旁敲側擊的辦法來試探組織者的意圖，例如說：「我們想為這次會議好好準備一下，您看看我們需要做好那些方面的準備？」這樣發問，能夠起到很好的效果。

有時，與會者還可以就這類問題去詢問會議秘書，因為會議秘書在會議的整個策劃、組織、召開、結束的過程中，往往扮演著穿針引線的重要角色。會議秘書一般與會議組織者接觸較多，很多工作也要通過會議秘書來進行。所以，與會者可以讓秘書先透露一些有關會議目的的消息，以便進行積極準備。其實並不是說會議的組

織者和會議主席都喜歡對會議的目的保持緘默，守口如瓶。很多會議的組織者是很願意就會議目的問題回答與會者的提問，並樂意做出解答。

希望每一位與會者都能以明確目的和態度參加會議。

2.研究會議議程

如果仔細認真地流覽會議議程，就應該可以對某項議題做認真準備，並計畫在會議中該如何發言。或決定手頭上應該準備一些什麼資料，並且應當將什麼樣的資料帶到會議上以供查閱，等等。

有的與會者對會議議程可能採取這樣的作法：把會議議程直接丟進文件堆裏，直到開會前幾分鐘看幾眼就可以了；流覽了一遍之後就不再瞧了；只對自己關心和感興趣的議程加以注意，而對其他的問題卻視而不見；只關心自己在會議上的發言、辯論等方面的表現；只瞭解會議議程是否與自己的工作日程表相衝突。這些作法都是不可取的。

作為與會者，應該仔細地推敲會議議程，最好能從中發現問題，然後再提出好的修改建議。當然，需要注意的是，不要因為準備過於充分而耗費太多的時間。在會前準備得很充分，胸有成竹，在會議開始後便侃侃而談，這當然是一種很好的現象。但是，過分準備有可能出現這樣的會場情形，那就是某個人變成了會議的主角，而完全忽略了其他與會者的存在，使得發言中所討論的議題變成了一個人唱獨角戲而使接下來議題得不到充分的討論，甚至由於時間不夠而造成議題的擱置。

所以，要提醒與會者，既要仔細推敲、認真分析，又要在會議進行中適時適度地發表見解，不要佔用過多的時間。

3.觀察其他與會者

在準備出席會議時，除了要找出會議的目的、研究會議的議程以外，觀察會議中可能出席的其他與會者，對更好地參加會議也有較大的幫助。

一般來說，從會務處領來的材料或由會議組織者發送過來的資料中都有類似的參加會議人員的名單。有時，也可以向有關人員打聽一下：「我自己想分發一些資料，請問，明天的會議都有那些人參加？」正常情況下，會得到想知道的答案。

有時，在一些比較重要的會議上，如果能仔細留意一下參加會議的人員名單，就可以分析出很多有用資訊來。競爭同樣體現在開會的人員之間，所以要考慮為什麼這些人會出席會議，他們會對會議的進程產生何種作用，而為什麼另外一些人，儘管您認為很重要，理應參加會議，卻未在出席的名單中出現。例如「經理沒有讓財務部門的人參加會議，這說明什麼問題呢」等等。

4.考慮時間和地點

即使是作為會議的普通參與者，也需要對會議的時間和地點進行考慮。會議時間和地點同樣可以提供給會議參與者有關會議情況的資訊。

會議時間如果安排在最適合開會的時間段，那麼就需要與會者認真準備，因為會議應該是需要深入而充分的討論並做出決議。如果會議時間安排在午飯前的半個小時，那麼就是向與會者傳達這樣一個資訊：這次會議持續的時間很短，需要迅速做出決議。

會議地點對與會者也會傳遞一些資訊，可以做好如下準備：如果會議要在配有紅木家具的會議室裏進行，那麼女士就需要精心打扮一下了，先生們的穿著也不能太隨意；如果會議在一個普通的會

議室裏進行，就可以穿的隨意一些，太莊重了反而顯得不倫不類。
對於有些大的會議，如果可以的話，是需要在會前去實地察看一下，
仔細熟悉一下地形。

5.適當的發言，提出看法

透過收集新的數據或查閱以前的數據，還可以對其他與會者作
些研究，甚至提前獲知其他參會者的觀點和立場。而如果想提高自
己建議的透過率，則有必要預先遊說其他與會者，以獲得支持。

倘若你的觀點可能會受到強大的抵制，盡力辨認出你的反對
者，並預先與其協商一個折中辦法，這樣在公眾面前雙方的威信都
不會受到破壞。要想成功地駁倒對方，理解對立的觀點是很重要的。
你也許不能勝過對手，但應避免出現僵局。

會前與別人分享信息總是有益的，尤其是與那些持相反觀點
者，因為他們可能希望表達不同的看法。這種交流會幫助每一派別
容忍甚至接受另一種意見。

不同的觀點在會議上碰撞，就會引發談判，會前做好談判的準
備，將使會議的結果更向你的方向傾斜。談判之前，你需要形成堅
定的目的或目標，以及達成目標的相應完善的策略。這個策略應當
包括反對的理由以及可以妥協的範圍。提前想好這些問題和解決辦
法，在會議的談判過程中，你將佔主動地位。如果對方也做好了相
應準備，至少也可以在一個對等的狀態下進行談判。

如果會議地點不提供投影設備，或者只是簡單的發言，就沒有
必要準備展示文件。但是，如果需要發表一次演講，那麼一份形象
而且詳略得當的展示文件(例如 PPT)將起到錦上添花的作用。因為如
果沒有具體的文字與圖表，很難在同一個語境裏與其他與會人員溝
通。

相互認識：會議溝通的開始

　　好的開端等於成功的一半。會議開始順利，則為會議的成功舉行打下了良好的基礎。會議開始時，主持人應盡力吸引與會者的興趣，滿足與會者的需求。有時會議成員之間並不相識，需要做些必要的介紹。常用的介紹方法有：

　1. 單獨介紹

　⑴自我介紹

　　與會者分別作一下簡短的自我介紹，說明自己的姓名、身份、背景情況等。這種介紹可以是按一定次序進行的，也可以是隨意的、無序的。介紹時，通常應起立、脫帽。

　⑵互相介紹

　　這種介紹將自我介紹與他人介紹結合起來，通常按照座位的次序或按事前編排好的次序進行。

　⑶主持人介紹

　　由會議主持人分別一一介紹參加會議的人員情況。這一方法適用於主持人對與會者的姓名、身份比較熟悉的情況。介紹到那一位與會者時，被介紹者應起立、脫帽向大家點頭示意。

　⑷名片介紹

　　通過與會者相互遞交名片進行。名片通常印有姓名、身份等內容，呈長方形，長 9—10 釐米，寬 5—6 釐米，男子的可略大些，女子的可略小些。名片的顏色可以是白色、米黃色、淺灰色或淺藍色，在左上角常用較小的字體寫明身份、職務，名片正中用較大的字體

印出姓名，左下角和右下角可印出地址、郵編、住址、電話等。

2.集體介紹

集體介紹是他人介紹的一種特殊形式，被介紹者一方或雙方都不止一人，大體可分兩種情況：一是為一人和多人作介紹；二是為多人和多人作介紹。

(1)集體介紹的時機

集體介紹必須把握好時機，才能達到相互認識的目的。

a.規模較大的社交聚會，有多方參加，各方均可能有多人，為雙方做介紹。

b.大型的公務活動，參加者不止一方，而各方不止一人。

c.涉外交往活動，參加活動的賓主雙方皆不止一人。

d.演說、報告、比賽，參加者不止一人。

e.會見、會談，各方參加者不止一人。

f.舉行會議，應邀前來的與會者往往不止一人。

g.接待參觀、訪問者，來賓不止一人。

(2)集體介紹的順序

進行集體介紹的順序可參照他人介紹的順序，也可酌情處理。但注意越是正式、大型的交際活動，越要注意介紹的順序。

a.「少數服從多數」，當被介紹者雙方地位、身份大致相似時，應先介紹人數較少的一方。

b.強調地位、身份。若被介紹者雙方地位、身份存在差異，雖人數較少或只一人，也應將其放在尊貴的位置，最後加以介紹。

c.單向介紹。在演說、報告、比賽、會議、會見時，往往只需要將主角介紹給廣大參加者。

d.人數多一方的介紹。若一方人數較多，可採取籠統的方式進

行介紹。如：「這是我的家人」、「這是我的同學」。

e.人數較多各方的介紹。若被介紹的不止兩方，需要對被介紹的各方進行位次排列。排列的方法有以下幾種：一是以其負責人身份為準；二是以其單位規模為準；三是以單位名稱的英文字母順序為準；四是以抵達時間的先後順序為準；五是以座次順序為準；六是以距離介紹者的遠近為準。

5 明確自己參與會議的責任

身為參與者，參加任何會議都希望不是在浪費自己的時間。如果希望對會議有所貢獻或從會上有所收穫，就首先需要明確自己在會議中的責任。作為參與者，在會議中應擔負的責任為：

1.保證會議成功進行

每一個會議的參與者均對會議的成功負有重要責任。一般來說，與會者在會議上的一些具體責任包括在開會之前、會議中間和會後檢查三個階段的責任。

開會之前需要擔負的責任有：根據個人的觀點研究問題；依據所提供的文件、資料，準備經過週密推斷分析的論證材料；記下開會的地點、日期和時間；做好在會議中儘量表達的心理準備。

會議中間需要擔負的責任有：傾聽他人的觀點，積極發表自己的見解，關注正在討論的事項，與會議主席密切合作。

會後檢查需要回答的問題有：為什麼要出席此次會議，這次會議達成了什麼結果，還有那些事情尚未完成，進一步的行動由誰來

負責等。

2.貢獻自己的創意

參與會議的每個人都需要考慮提出具有建設性的意見，並確定解決問題的最佳方法，即使這種方法可能意味著將不得不改變或放棄自己的觀點。

在貢獻自己的創意時，需要注意的是：在適當的時候。例如，輪到自己發言時，直接、正面提出自己的看法；從別人的觀點引申並提出自己的看法；綜合多個人的觀點，提出自己的看法；同意他人的觀點；針對別人的觀點，提出不同的意見；以設問的形式，提出自己的看法。

6 參加開會的良好心態

除了要明確自己的責任以外，保持一個良好的心態對與會者來說也同樣重要。所謂良好的心態，主要就是開放的心態。以開放的心態參加會議，就會減少一些抱怨和摩擦，與會者的收穫就會增多。反之，如果帶著抵觸情緒去參加會議，那麼，參加會議的過程就會成為一種痛苦的過程。保持一個良好的心態，需要從以下幾點入手：

1.寬廣的胸懷

保持一個良好的心態，首先需要有一個寬廣的胸懷，如果對什麼事情都斤斤計較，那麼就很難快樂的參加會議。

要擁有一個寬廣的胸懷，需要樹立這樣的觀念：會議必然對我有用；即使會議比較煩人，但既來之，則安之；不要把對某人的好

惡帶入會議討論中來；在會上應做到就事論事，不要牽扯其他事宜；
適當的發表自己的觀點。

2.認真考慮他人的意見

良好的心態還需要能容納其他與會者的意見，而且要認真考慮
他人的意見。要做到這點需要注意的是：儘量心胸放開，以理解其
他與會者的看法；在沒有聽明白的情況下，儘量提出並尋找適當的
方法獲得準確資訊；可以就一些事情作筆記；不要因為被他人批評
過就盲目反對他們的看法；不要別人一提出反對，就放棄了自己的
觀點。

如果其他與會者提出了不同的看法，更要仔細聆聽，而不要只
是思考如何進行反擊。因為除了反對您的意見之外，對方可能還有
新的觀點要說，如果您還沒有聽到就貿然發動反擊，不僅會讓人聽
得莫名其妙，還可能打消對方妥協的誠意。

3.積極地傾聽他人發言

積極地傾聽其他與會者的發言，是與會者在會中首先需要注意
的。一般認為，對於與自己無關的討論，就擺出漠不關心的樣子，
是最令人反感的。即使討論真的是在自己的專業領域之外，也要保
持聚精會神的態度。惟有真正「全程用心」的人，才能保持自己與
別人交流的良好狀態。

要積極傾聽，需要做到：對別人的發言不要先人為主，應以開
放的心態傾聽；聽發言時要聽得完整、聽得明白，不要不懂裝懂，
自以為是；如果聽到重要的東西，最好做一些筆記；不要做一些可
能干擾其他人說話的事情，例如打手機等；不要立刻反駁別人的觀
點，最好聽完了再說；傾聽過程中要給予發言者以及時反饋，例如
點頭，眼神示意等。

4.主動提問

除了要積極地傾聽別人的發言，還應該就一些問題主動的提問，以積極的姿態參與和別人的交流。

主動的提問需要注意到這些方面：在發問時，盡可能精確、明白地表達自己的想法；發問還要注意不要隨便引用一些不相關的論據，使討論被自己發問所干擾；發問要關注正在討論的事項，不要離題太遠；在會上要儘量避免與他人產生爭執，而多以搜集到的事實資料來支援自己的論點；如果想要支援別人的說法，最好也能擺出具體的事實來，發言的時機與時間儘量與主持人密切配合。

5.適當的發言

適當的發言，主要表現在發言的時機、內容和形式等方面。

要適時發言並不是一件容易的事，因為可能由於討論進行得較快，令人錯失對上個討論議題發言的好時機。碰到這種情況，想發言者最好在別人發言剛結束後，以「不得不」的口吻說：「我想此時提出這個問題可能不太合適，但是我想就剛才小劉的發言來說兩句。」

想提出正確的建議，不能讓別人聽不懂，感到「如墜雲裏霧裏」。因此，發言前最好先把內容系統的整理出來，並最好能排練幾遍。可以將要講的內容逐點記在紙上，以便發言時有所依據。

發言時要針對某一特定要點。所提的意見如果包含太多要點，就很可能使焦點無法集中，令重點模糊，以及產生不同的討論方向，令與會者感到迷惑。即使與會者有能力聽取比較複雜的建議，發言人可能也得費一番口舌，才能令大家完全瞭解，很容易使發言效果大打折扣。

發表意見要避免口齒不清或漫談，以免使聽者感到摸不到頭

腦。最好能一針見血，以適當音量、易懂的方式解釋。無論是陳述正面或負面的意見，都要用自信的口氣。如果要想讓聽者特別留意一些內容，可以適當提高一下音調。

從與會者在會議上的表現，不但可以看出個人與團體的關係，還可以看出你的水準和素養。

7 開會遲到，影響前程

開會時不要遲到，最好提前幾分鐘到會議室，使你的腦筋提前進入會議狀態，為什麼需要提前進入會議狀態呢？

大腦從繁忙的工作中或其他狀態切換到會議狀態需要一定的時間，不做好這個切換，就可能出一些問題，如開會了開了半個小時，自己還在想其他事情，無法集中注意力。

個人狀態飽滿，就能讓會議溝通更高效，從而讓到會的上級產生好感。

那麼什麼是提前進入會議狀態呢？提前進入會議狀態，不是提前半個小時或 15 分鐘進入會場就 OK 了，而是在會議開始前讓放鬆的大腦進入思考狀態，這分以下六個步驟進行：

第一步：在會前 15 分鐘停止做其他工作，讓大腦從原來的工作中跳出來，大腦與身體好好休息一下，處於放鬆狀態。

第二步：在會議前 10 分鐘，開始讓放鬆的大腦進入思考狀態，思考的內容要與會議緊密相連，如你要參加的會議主題是什麼？這次會議有那些議程？你所扮演的角色是什麼？老闆對這次會議是否

重視？

　　為了能清晰、有條理地思考，你可以將這些問題寫在筆記本上，並逐個解答。這樣你就會儘快地弄清楚自己在會議中扮演的角色。

　　第三步：在會議前 8 分鐘，你可以做一些與會議相關的準備工作，如整理會議上可能用到的資料，整理 PPT、文檔文件、各類數據、資料文件、樣品、移動設備、數據線、紙張、筆等等。然後將這些東西放在一起，用文件袋裝好。

　　第四步：這個步驟與上一個步驟有些相似，也是做一些準備工作，但這個步驟是在會前 5 分鐘進行的，如果你在會上需要發言的話，那麼就可利用這段時間默誦一下發言的內容。

　　如果想讓自己的發言滴水不漏，表述準確無誤，那麼，你可以在白紙上列出一個發言的備忘錄。當然，如果有在會上需要解決的問題以及突然萌生的新想法，或還需要瞭解什麼，也最好一一寫在紙上。

　　第五步：第五步是在會議前 2 分鐘。眼看開會時間就要到了，你不妨用 1 分鐘的時間在大腦中飛速想像一下整個會議過程，然後，快速整理一下資料，看看有沒有遺漏或者需要補充的地方。

　　第六步：離開會的時間還有 1 分鐘，此時，你的同事和上級都已經就座，假使你不需要發言，或者不是第一個發言，你最好喝點兒水潤潤喉嚨，準備聽主持人宣佈開會。

8 記得要關手機

很多人去參會都不關手機，甚至認為多此一舉。其實，開會不關手機，看似事小，其實事大。

如果你參加一些會議，特別是有座椅有桌子的會議，你會發現很多與會者習慣性地把手機放在桌子上，隨時準備接電話、看短信。其實這是一種不禮貌的行為。在國外，凡是重要的社交場合，都有一條不成文的規定，手機必須調成靜音狀態，甚至看一下手機都需要向在場的其他人說聲抱歉，否則，對方會感到不被尊重。

很多公司的規則中都明文規定開會時不能開手機。想想看，一個會議上，張三接 1 分鐘電話，大家得等張三 1 分鐘；李四接 1 分鐘電話，大家又得等李四 1 分鐘。10 個人的會議，如果每人用 1 分鐘接電話，就得浪費 10 分鐘。這可是驚人的浪費。

這也是很多公司明確規定開會手機關機或調成靜音的原因。

對很多與會者來說，開會手機關機或調成靜音是一種制度，更是重要的禮儀。如果你去參會，最好是關掉手機。

如果公司明文規定開會時不能開手機，要在進會場前關機，或在有人發言前關掉手機。這樣不會打斷發言者的思路，體現對他人的尊重。

如果擔心關機影響接收客戶來電，可將手機調成靜音或振動。這樣既遵守了公司的規定，尊重了其他與會者，又能及時接聽客戶來電，避免因開會錯過重要的電話。

開會時有人打電話給你，最好不要在會場接聽電話。

如果會場允許接電話，一看手機有來電顯示，應儘快接起，不讓電話鈴響超過 3 聲。接電話時，要壓低聲音，長話短說，或告訴對方你在開會，開完會你再打給他。

9 如何在會議中發言

與會者中有很多人並不甘於僅只是在會議中做忠實的聽眾，而希望能積極地在會議中發揮自己的影響力。這些人如果不會與人妥協，往往會招致「過於自私，自我膨脹」的批評。那麼，如何在會中發言既擴大了自己的影響力又不遭人反感呢？

1. 發言要早、常、適度

根據研究，在會議開始後的 5 分鐘內開始發言，影響力最為顯著。在 15—20 分鐘之間的發言，效果只剩一半了。再之後的發言則幾乎起不了什麼作用。因此，想要在會上發揮影響力，即便只是澄清某些疑點，最好也是在討論一開始就說出來。

要使影響力持續下去，保持發言的頻率也是不錯的方法。雖然發言頻率和發言質量不一定有直接的關聯，但一定數量的發言卻能產生較大作用。在開會時間有限的情況下，把握機會發言是使人印象深刻的重要方法。研究人員亦指出，發言頻率高，影響力會成倍增長。

除了常發言，發言長度跟影響力大小也很有關聯。通常發言長度超過 30 秒的才構成影響力。如果只是說些「不錯，挺好」或「我不太清楚，問問別人吧！」通常毫無作用，甚至會降低這個與會者的

發言價值。

2.發言流利

發言者說話必須清楚洪亮才能讓其他與會者聽得明白。要增加影響力，語速比平常講話稍快一些，可以讓聽眾感到其緊急性。流利的發言也能增加權威感。若對自己的發言是否淩厲沒有把握，可以在會前多做幾次練習。

說話速度可以反映事件的緊急性，一般來說，說得快的人更能比慢條斯理者吸引別人注意，也較不會使人不耐煩。根據研究，發言時比一般說話速度快四五倍都是可以接受的。而刻意放慢速度，則會令聽眾心裏起急。

流暢的表達能力也是提高影響力的重要因素。一般人在日常生活中的交談都沒有什麼問題，一旦在眾目睽睽下說話，就可能會結結巴巴或自相矛盾。因此在會前演練想講的話極其重要，不然不僅會降低發言的影響力，還會影響個人的良好形象。

3.發言有系統

不具有影響力的發言有幾點特徵，例如：內容缺乏組織性，沒有有力證據，甚至離題萬里。而真正能起到作用的，通常是結構完整、主旨明確的發言。

有一些方式，可能有助於與會者提高發言的影響力：委婉地陳述意見；點出所要陳述意見的重要性；以論據支援論點；整合所陳述的意見，並要求與會者回應。

是否能發揮影響力，主要取決於與會者對於發言的把握。抓住展示自己實力的適當機會，就會在會議上取得不錯的效果。

10 參加會議的發言

會議是不論職位高低，可以平等地位講話的最好機會。因為彼此應該都具有尊重對方人格的意識出席會議，所以不必畏縮，講講看。

有的人是性格上很不容易在眾人面前講話，但是只要有一次，試著隨便講些話看看，會很奇妙地有了信心，以後講得再多次也不會怯場了。

怕講話的人，要建議其先鼓起勇氣講一次看看。一定要捨棄這樣講可能會被大家覺得很奇怪，會被取笑這種念頭。

不要頭一次講話就想一鳴驚人。可以從請教他人對於所討論的問題中自己不太清楚的地方開始。你必須要有這樣的作法由講話當中去增加自信，並積極參加討論的進取心。

在會議席上一言不發，事後對決議事項不滿不平的人，是屬於下下等者。經由討論得到的結論所作的決議，一定要服從。

參加者中，如果自己的地位最高，應該要遲發言，如先發言，會引起其他人迎合你。目前社會上還殘留有這種風氣。

◎說話的方法與態度

同一意見，由於說話的方法與態度不同，其效果也不同，這是當然的。

首先要避免有損對方自尊心的說話方法，否則一開始人家就不聽你的話了。

「這不好吧！……」這樣開始講不如改為「這樣也有道理，不

過……」這種肯定的講法，較容易被接受。

其次，態度要明朗，灰暗的態度使對方感覺厭惡、威嚴、疑惑。

再者，用詞必須正確。正確的發音、懇切的言詞、認真的態度合起來，會使對方感覺輕鬆同時也會引起對方思考的意願。

態度是一種用眼睛看的語言。說話的言詞與說話的態度合起來，會左右對方的印象。對離開遠的人講得讓對方聽起像蚊子叫，是不會有力量的。與場所不相稱的大聲講話雖是一種困擾，但是還是要講得充滿自信而有力。

講話時，眼睛看別的地方，甚至看著地上，則無法吸引人。如果你想讓參加的人們聽你的意見，你就應該將眼睛注視參加者。

◎發言不要裝模作樣、不生硬

有人喜歡使用艱深的話來表示自己很有知識，但是與我們有關的會議並非學術會議，所以還是使用日常用語來發言為宜。

講些讓對方聽不懂的話，展示自己很有學問，這種無聊的想法應該立即捨棄。請務必使用不使人反感，大家都可以聽得懂的話。炫耀自己知識的抽象性發言，不但沒有用處也不會受歡迎的吧！

過於理論的、抽象的話比不上以日常的經驗及客觀性事實為基礎的發言更具有說服力。絕不要有生硬嚴肅的發言，而要以輕鬆的態度去發言。

◎不要獨佔發言

壓制他人發表意見，而想自己一人執眾人之牛耳是不可以的。會議領導人想使大家都能平等發言時，不要不予協助反而硬要大家同意你的意見。自己一個人長時間講話，將他人講了一半的話予以阻止，這是絕對的禁忌。對他人的意見也要傾聽。

自己要有很清楚的意見是絕對必要的，但是不一定要去壓制別

人聽從你的意見。這樣做你將會不受歡迎。不管你多麼有自信，也絕不可採取強制他人去聽從你的態度。

◎整理自己的意見

想到什麼就說什麼，這種發言只有使會議混亂而已。這種人特別喜歡將與主題無關的話講得很多很長。

這種人不去想自己想要說的是什麼？對大家所要求的意見是關於那一點？而給他人的印象只是他自己在主張其存在而已，對其本身一點好處都沒有。

請很快將與問題有關的事項在腦中整理之後，只發言其要點。在腦中整理有困難時，要做成簡單的筆記。整理得很得要領的發言，讓人聽起來是很舒服的。

◎勿破壞人際關係

關於對方的弱點或私人的問題，過去發生的事，不喜歡他人提起的事，都不應該去提到。有損他人人格的發言，在會議場面是絕對不可以的。只因為一句發言而使得大家傷感情，而影響到以後的關係，那就完了。

要彼此尊重對方的人格，尤其在討論白熱化時，更請記住這點。議論白熱化絕不是壞事。意見應該要堂堂正正地爭論，但是若因為意見不同而形成感情對立，甚至失去友情，則是不具民主的修養了。希望意見相左者能相互握手才好。

◎不要鬧彆扭

對任何意見經常都持反對立場，這種作法要避免。

未弄清對方提出的意見有何意義，有何關聯之前，一開口就持反對的論調者，只有使會議進行遲緩而已。

世界上的事，不會經常是那麼單純、合理的。有時三分的不合

理也有需要。追求合理是有其必要的，但是無視於現實的單純的合理主義是毫無益處的。

　　假使自己所抱持的意見絕對不變，特別去出席會議也會失去其意義。在會議時實際上的妥協也是有必要的。

◎要有問題意識

　　平常我們就要經常具有問題意識。如果經常具有問題意識，就會時時都是視野廣闊，多方搜集情報或資料，整理出自己的想法。有了這種習慣，在會議席上也一定會有甚具見地的發言。這才正是今後企業人應有的狀態。「欲以話使人者，必須具有意願」。

　　急速地、突發地為某問題而召開會議時，不經常具有問題意識的人，可能任何意見都提不出來吧。

◎嚴守時間

　　誰都知道是應該的而誰都不能實行得很好者即是時間的嚴守，只要能夠嚴守這一項，會議的效率就可能會大大提高。

　　所謂會議，地位越在上面的遲到損失就越大。會議開始 30 分鐘才姍姍而來，「對不起遲到了，現在進行得怎樣了」這樣一來，主席又要花 30 分鐘回頭去再說明一次而說「結果是這樣這樣」。再過 10 分鐘又來一個姍姍來遲者。這樣的話，會議就不成為會議了，釜底抽薪的辦法是遲到的人沒有發言權，或軍隊式的不讓他坐椅子而站著開會。否則這種惡習慣是無法根治的。

11 你坐對位置了嗎

參加會議時，除了要精心的準備，學會以恰當的表現和適當的發言來擴大影響力，同時還需要注意處理好一些會議中的細節。這些細節對與會者來說雖然不是最重要的，但在會議過程中也是需要注意的。這些細節包括：

當走進會場時，第一個問題就是要坐到那裏？是的，必須明確自己參加會議的身份，然後才能找一個對於自己有利的座位坐下。會議的領導人物及重要成員與一般的與會者的座位是不同的。一般來說，會議的主要人物都願意坐在長方形桌子的兩端。

如果不屬於中心人物，又不巧坐在會議主席的左右方，那麼作為一名與會者，作用可能就會得不到發揮。因為講話的時候眼睛無法觀察會議主席，同時會議主席又經常越過去招呼其他人，這樣肯定會覺得彆扭，很不自然。所以應該找個既能自如面對會議中心人物，又可以舒服地對其他人員發表意見的座位。

如果進入會場並落座後，會議還沒有開始，那麼就不要一味地靜靜坐著等，其實可以充分地利用這段時間。可以提前與其他與會者熱情地打招呼，取得聯繫。如果是熟人，在寒暄之後，最好能把話題轉到會議上來，交換一下大家的意見。如果不太熟或不認識，但由於鄰座，也可以在雙方認識一下後就和他們就議題交換一下意見，共同討論即將開始的會議事宜。當然，這樣的討論可能只是淺嘗輒止，輕輕掠過，但是對對方一些情況的瞭解，對參加會議不無裨益。

如果坐下後發現旁邊坐著的是經常與自己意見不合的與會者，那麼也不要不理別人或是無所作為。即使雙方意見不一致，但如果能夠在會議開始之前進行一些溝通，就往往可以減少雙方的分歧，至少降低了雙方可能發生爭吵的可能性了。

公司開會，很多上班族到了會議室，總是隨便就找個座位一屁股坐下去。這樣隨便坐的結果，很有可能是坐了不應該坐的座位。

坐在那個位置上是對的？坐前面不行，坐後面也不行。

開會怎麼坐，是個大問題，職場上班族要「坐」出職場大好前程，一定要瞭解會場上與座位有關的學問，特別是座位潛規則。

1.圓桌會議座位潛規則

開會時，如果會議桌為圓桌，公司的一號人物（老闆）和二號人物（部門經理）要坐中間，中間隔一到兩個座位，每人旁邊的座位都是相等的，員工則依次排開。

有人可能一聽就暈了，圓桌是圓的，怎麼才能找到中間？很簡單，圓桌會議可以以門作為基準點。通常，靠裏的位置相對重要，換言之，靠裏的座位你千萬不要坐，因為它是留給老闆或者主賓的。

2.長桌會議潛規則

參加長桌會議怎麼坐呢？一般來說，如果有公司高層參會的話，就一定要記得長方形的短邊，且是靠裏一邊的位置，是屬於老闆的。如果有客戶老闆參加，主方老闆及重要人物坐在右側，客方老闆坐在左側，這樣，就能顯示對方的尊貴。

如果參加會議的人較少，公司高層通常會選擇長邊的一角來坐，這樣就可以讓會議氣氛融洽一些。

3.論資排輩潛規則

開會之所以出現有人坐錯了座位的問題，主要是由於職場中凡

事有論資排輩之說。作為普通員工，進了會場，你最好不要隨便坐，而是根據自己的身份，去找那個屬於自己的座位。當然，也可以找一個適合聽會，能清晰地聽公司高層或同事發言，或利於自己發言的位置。

如參加長桌會議，坐在上級的一側是絕佳選擇：在這個座位既可以不被上級壓住風頭，又可以在關鍵時候與上級一唱一和，給上級和老闆留下好印象。

而上級對面的位置，由於具有對抗性，易引起領導的反感和猜忌，所以一般不要去坐。而如果那天你大權在握，則要小心坐在這個位置的人。

美國心理學家斯汀澤透過對多場會議的研究，發現與會者的心理不同，所選擇的座位就不同：

主動坐前排的比坐後排的人更有自信；

有競爭關係的兩個人往往會坐在彼此對面；

主持會議的人影響力小的時候，與會者常愛與對面的人閒聊；反之，與會者愛與相鄰的人閒聊。

作為普通員工，如果你想一鳴驚人，可以選擇重點位置斜對面的座位，這個位置很容易被公司高層注意到。但如果你坐在這個位子上，一定要認真聽講，不能有消極的表現，否則會適得其反。

人與人之間最適合的社交距離，特別是上下級關係，是 4～12 英尺。這就意味著，下屬要與上級保持良好關係，應該選擇上級 4～12 英尺範圍內的座位。從這個角度來看，開會時選擇後面坐也不能給自己正能量。

最好的是第一排靠右的座位，次優的是第一排中間，或稍靠左。這些座位能夠統觀全局，既可以看清上級的表情，與其眼神交流，

又可以隨時交談。

　　如果你已是公司的資深員工，想再晉級或讓老闆加薪，就一定要選這些位置。

　　坐在這些位置的人，一定要積極表現，除認真聽會，還要積極發言，多與上級互動。這樣，就能給上級留下為公司著想或進取心強的好印象，從而在加薪、升職時第一個想到你。

　　由於上級也很容易看到坐在這些位置的員工，所以，千萬不能有不良動作，例如與其他同事聊天，或用手機發短信。最好是準備一個筆記本，認真做筆記才是正道。

4. 選擇自己的座位

(1)職場菜鳥的位子

　　如果你是職場菜鳥，新進公司沒多久，對公司還缺少瞭解的話，可以選擇不起眼的後排座位，這樣可以「察言觀色」，多瞭解公司複雜的人際關係。

(2)專家或技術骨幹的位子

　　如果你在公司處於專家或技術骨幹的位置，業務知識豐富，那麼，進入會場後，你可以選擇第一排斜對著總經理的座位，或讓重要人物看得到的位置。這樣，你就可盡情表現自己了。

(3)會議主持人的座位

　　在會場上，主持人扮演著極其重要的角色，最好坐在能掌控全局的座位，即面對門口，離門最遠的座位。

　　如果是小型會議，如長桌會議，主持人最好是坐在短邊的中間，這既是主人位，又是「掌控位」，能傳遞給與會者一種高高在上的權威氣勢。

12 積極參與會議討論

在一般會議中，經常面臨的是消極的氣氛——包括消極的表情、消極的情緒；消極的話語、消極的反應等。在消極的氣氛籠罩下，你若能注入積極的言詞與積極的態度，你將成為嚴寒中的一股暖流，並成為與會者心靈寄託的所在。下一次再參與會議，請參照下列各種要領行事，你將獲取不同凡響的良好結果。

⑴從積極的角度看問題——將那些只以產主不良後遺症的消極性意念，扭轉為積極性意念。例如將「這一百萬元的投資當中有一半肯定要泡湯！扭轉為「這一百萬元的投資當中有一半肯定會帶來效益！」。

⑵傾聽那些足以蒙蔽真相的洩氣話，並設法解開迷霧。

⑶削弱會議中所面臨的問題的難度——設法先幫助解決較簡單的問題，以增進與會者對解決困難問題的信心。

⑷自告奮勇地承擔工作，這對減輕與會者的精神負擔與實質負擔均有幫助。

⑸當其他與會者強調困境之際，你則設法提供解決方案。

⑹對提供良好的意見或解決途徑的其他與會者，表達你個人的激賞。

⑺面對棘手的問題時，應講求實際，而不應悲觀。

積極參與討論是會議對每一位與會人員的要求。無論你是主持人、主講者、與會者，有技巧、有號召力的講話都能使會議取得成功。

　　有經驗的人會在平時努力提高說話技巧，這樣在會議上自然能更好地達到理想的效果。除了說話技巧之外，我們也可能需要有會議技巧。

13 開會要活用數據

　　我們生活在數字的世界裏，我們每天所見、所聞與所思的一切，幾乎沒有不涉及數字的。基於此，我們對數字或多或少均產生麻木或厭煩的感覺。其實，這樣的感覺是很自然的，因為數字只是代表事實的一種符號，而非事實本身。

　　除非必要，否則不要隨便提出數字。當你拋出的數字過多，不但令聽眾感到納悶而關閉心扉，而且也會令聽眾覺得你沒人情味，因為你所關心的只是冷漠的數字。

　　要設法為枯燥的數字注入生命，也就是說，要讓數字所代表的事實，能成為一般人生活經驗中的一部份。只有這樣，人們對數字才感到親切，也才能產生興趣。舉例來說，下面的第(1)種數字陳述方式若能改為第(2)種陳述方式則其影響力將顯著加大：

　　(1)「假如各位接納我的提議，則公司每個月至少能節省67453750元的開支！」

　　(2)「假如各位接納我的提議，則公司每個月至少能節省67453750元的開支！從另一個角度來說，倘若這項節省下來的開支，能以加新的方式平均分配給公司的每一成員，則每一個人每一個月的薪資將增加3500元！」

14 在會場發言，如何才能不緊張

很多上班族在開會發言時都表現得十分緊張不安，平時能說會道，可一到開會發言時就變成了另外一個人。

由於緊張、焦慮，在會場上發言時就難以發揮出正常的水準，甚至讓同事小視，也給在座的上級留下不堪大用的印象。

既然如此，上班族就一定要想辦法克服緊張情緒。

要想遠離緊張不安的情緒，首先要克服恐慌心理，可以開會前聽聽音樂，這樣，就會變得淡定從容。

當你緊張不安的時候，可以多做幾次深呼吸，或者手握緊再放鬆。多重覆幾次，就可以緩解緊張情緒。

如果感覺身體因緊張而不適，如脖子和肩繃得太緊，那麼可以先慢慢地向胸前低頭，然後輕柔地繞半圈。如果是在會上，則要儘量將這些小動作融入發言中，成為與演講互相配合的動作。

不妨嘗試下「轉移效應」，就是轉移自己的注意力。例如一看到台下的聽眾就緊張，一看到上級就心跳加速、臉發熱，那就不要去看他們，把注意力集中在講話上，等到不再緊張時，就可以與聽眾進行視線交流了。

一些人之所以緊張，不能發揮正常水準，是因為對自己期待太高。事實上，越是這樣，越會造成緊張心理。那麼就要降低對自己的要求，可先要求自己流利地講完，然後再要求自己發言時聲音洪亮、簡潔有力等。

可先要求自己照著發言稿讀，等適應這種發言方式，再慢慢脫

離講稿，即興發揮。

　　這樣一步步地來，總有一天你會發現，自己能像別人一樣，有一個精彩出眾的發言了。

　　開會發言時，可以把自己放空，只專注在你所講的一件事情上，不要老想「會不會說得不好？」「有沒有什麼說錯的？」至於發言內容，要談你在行的，不要談你不瞭解或正在學習的，只要堅持這樣做，時間一長你就會發現，你發言也可以不緊張的。

　　為防止因口乾而緊張，可以準備一杯水，隨時濕潤口腔，也可以事先喝點兒水。如果事先沒有喝水，會場上又不方便喝水的話，就要用想像的方法了。例如，你可以多想酸味食物，如醋、梅子、葡萄等，這些食物都會促進你的唾液分泌，從而減少你的緊張與焦慮。

　　好記性不如爛筆頭，要想做到發言簡潔有力，流利暢通，在開會前，要準備幾張便簽，把你覺得發言時可能用得上的東西大體寫一下。即使你覺得沒什麼創意，也要將它們羅列出來，寫在便簽上。

　　邊讀便簽內容，邊將其分類。如何分類呢？把傳遞同類信息的便簽放在一起，不屬於任何類別的便簽單獨放著。

　　為了使便簽內容更有條理，可先將會議發言的重點寫下來，並加用 1、2、3 標序；再將剛才分門別類的信息對號入座，歸於每一個序號下；最後，將每一個序號下的內容用簡單的標題概括出來。

15 要掌握最好的發言時機

　　職場開會發言，都有這樣的糾結與煩惱：不知自己何時發言；說得太早吧，上級不一定能記住，或者自己想的東西不如別人有創意；說得太晚吧，自己想說的都被別人說完了；選在中間發言吧，上級聽累了，聽煩了，也難以記住自己說的。可見，職場開會，發言的時機與順序很重要。

　　發言的時機問題其實就是一個「潛規則」——沒有明文規定誰先發言誰後發言，可很多會議的流程卻如此安排。

　　開會時，無論職場新人還是資深員工，想在上級面前很好地表現自己，一定要先瞭解發言的這一時機「潛規則」，然後設法把握好發言時機。

　　開會的時候，要弄清楚自己在企業的位置——自己在團隊裏究竟佔了多大的權重，自己的意見到底有多大的影響力。如果你是職場菜鳥的話，儘量選擇中靠後發言，這樣就能避免與前面發言出現雷同的東西；同時，又能表達自己獨特的想法，從而讓自己的發言與眾不同。

　　職場新人如果碰到自己不懂或不確定時，就要把嘴閉得緊緊的，不要發言。但是當自己有好的想法時，最好主動要求先說，決不錯過良機！這有可能會讓上級另眼相看。

　　想發言，先用肢體語言告訴別人，你要發言，如舉手，或使眼色給主持人。但是，如果其他人霸佔了所有的發言機會，你就見機行事，等發言人調整呼吸時，迅速接上話頭。

如果是一般枯燥無聊、不容易出彩的會議，最好是不等上級點名，便主動要求先說，免得輪到自己時，無話可說。

開會是早發言還是晚發言？說得早，最主動，說得晚，最保險，到底何時說，則要見機行事。一般公司開會，發言順序基本上有固定的模式，基本是公司裏幾個重要的部門主管和員工先逐一發言，屬於後勤之類的和不重要部門的主管、員工則依次後排。

(1)核心成員習慣率先表態

在某決議形成前，公司的核心成員習慣率先表態，而他們的意見往往會決定整個會議的走勢。

(2)資深員工屈居第二

在核心成員表態後，接下來發言的多是資深員工。他們會針對先前發言者提出的意見做進一步闡釋，或是贊同，或是委婉地提出不同看法，但不會反對核心成員提出的決議。

(3)接下來發言的是職場新人

由於上級和資深員工都表達了自己的想法，此時新人的發言多是跟風了，很難再提出有新意、與眾不同的見解，從而容易給上級留下敷衍了事的印象。

(4)最後發言的多是老大

一般來說，在一些會議結束前，多是公司的最高主管、大老闆對整個會議進行總結，並宣佈最後的決定。

16 瞬間讀懂上級的眼神

聰明的上班族在開會時，應該與上級保持眼神的交流。只要你讀懂他們的眼神，就可以瞭解他們是高興還是生氣，他們在想什麼，想讓你做什麼。有時候，領會他們一個眼神，比你加班更能贏得他們的歡心。

如果你的上級在你發言時眼睛總盯著別的地方，說明他在想其他的事，或不重視、不欣賞你的講話。

如果你的上級友好地、坦率地看著你，甚至眼中有些許微笑時，你可以大膽發言，積極表現。

如果你的上級總是盯著你看，意味著他對這個員工十分感興趣，你一定要積極表現，把自己最優秀的一面展示給上級。

如果你看到上級一會兒一看表，那表示他不想再聽你講話了，你最好儘快結束發言。

如果你發現上級總是閉著眼，而不與你的眼神保持接觸，那你就要小心講話了。這可能有兩種原因：一是你在會場的表現讓他心煩了，但他又不想做出任何評價；二是你的表現讓他感到累了。此時，你要儘快結束發言。

如果上級總是環顧會場，並愛微微點頭，意味著他是喜歡下屬絕對服從型的上級，下屬發言時要順從他的意思，少說多聽。因為不管你說什麼想什麼，他通常不理會。

如果上級在眾目睽睽下，總用銳利的眼神目不轉睛地盯著你，意味著他不相信你，或在等待你說出事情的真相。他是比較較真兒

的上級。

如果你發現上級的眼睛總是充滿笑意，說明他比較好相處，寬宏大度。反之，若眼神冰冷，甚至不正眼瞧別人，說明這個上級自以為是，不好相處。

開會時，不要只是聽，或只是透過點頭同意來表示正在傾聽，最好的方式是在聽的同時察言觀色，透過觀察上級的語調、姿勢、手勢、面部表情和眼神，來解讀上級發言時的每一句話甚至每個詞的真真假假。開會時，如果你的上級表情很自然地說你很有才華，那說明他在稱讚你；如果他表情不自然地說這句話，十有八九是在諷刺你。

如果你實在讀不懂上級發言時暗含的有效信息，可以向公司老同事虛心請教。千萬要注意的是，一定要問對人，要問公司中那些資深且熱心的老同事，那些與自己關係不好甚至有過爭執的同事，還是算了吧。

每個人都有自己的講話風格和習慣，如果上級講話語速急，那肯定不喜歡講話慢的下屬，可謂是急性子遇到慢郎中，時間久了，一定會有衝突；相反，如果老闆個性深沉內斂，肯定也不喜歡講話語速快、嗓門兒大的下屬。

所以，發言是好還是壞，其實標準在上級手中。不瞭解老闆的風格，就很容易撞到槍口上。

那麼，如何瞭解上級喜歡的發言方式，讓自己的發言贏得上級的認可呢？

(1)會前多瞭解，會中多觀察

要想讓自己的發言贏得上級的認可，甚至是讚賞，最好在開會前做足功課，向一些熱情厚道、樂為人師的資深同事瞭解上級的風

格：是只注重結果，還是同時注重過程？個性是不苟言笑，還是幽默活潑？這樣就能投其所好了。

如果沒辦法瞭解，那就要學會傾聽，聽一下同事的發言，觀察上級的反應，輪到你發言時，你就可以及時調整自己的風格。

⑵發言時與上級保持交流

要想引起上級關注，最好的方法，就是發言時一邊闡述自己的觀點，一邊看著會場裏的聽眾，尤其是那些「主要聽眾」——上級，這樣，就能很自然地把自己和上級的關注點聯繫在一起，引導他們關注自己的發言。

17 參加會議的各種不適舉動

對於與會者來說，參與會議不但是要從會議的討論中有所收穫，而且參與會議本身就是一種社交活動，而社交活動的重要收穫就是別人對自己的評價，這樣的評價是根據自己的表現和發言而得出的。所以如果與會者有一些不適舉動，就會影響到別人對自己的評價。作為與會者，有必要注意克服一些常見的不適舉動：

1.頻頻發問

一些與會者如果沒有理解發言者的意思，馬上就想到讓別人重說一遍或讓別人從頭開始講。常可以見到這樣的話：

「一開始的觀點是什麼？」

「我沒有聽清楚，能重覆一下嗎？」

「剛才說的有論據嗎？」

「能再舉一些例子嗎？」……

這些頻頻發出的提問經常會使發言人和會議主席置於十分尷尬的境地。一方面，出於禮貌和礙於對方情面，發言人不得不中斷談話，回答這些直率的提問，有時還得再一次重覆自己的觀點。另一方面，令人厭惡的就是這樣的作法會將會議拖入不斷重覆的陷阱而無法如期完成會議的目標。

克服頻頻發問的傾向很簡單，一方面要注意傾聽，不要由於自己的原因而造成聽不清發言，另一方面即使有不太清楚的地方，可以先記錄下來以便會下瞭解，或者抓住重點進行提問。

2.心不在焉

心不在焉的人大多對會議不感興趣，或者說某些會議根本無法引起他們的興趣，可是他們又不得不參加。

常見的表現是，不停地看表、打瞌睡、對發言視而不見等等，隨之而來的就是非常的不耐煩和對會議的消極對抗。

當然，作為會議的組織者，面對這樣的情況應當首先自我反省，檢討為什麼會有人在會上心不在焉，是會議時間太長？還是內容枯燥？還是他們對會議內容不感興趣？不過，作為與會者來說，對於會議的消極對抗也是應該堅決避免的，即使再枯燥的會議，會議內容毫無收穫可言，也應該注意自己在會上的良好表現，因為這體現了一個人的素質和修養。

3.沈默不語

這樣的人在會議中出現的頻率是最高的。他們坐在會場的某個角落，整個會議過程中始終沈默不語。他們的神態表情使其他人感到他們並沒有脫離會議，但是始終的沈默又令別人無法瞭解他們的所思所想。或許他們正在積極地用大腦進行思考，所以必須沈默；

或許，他們本身就是性格內向的人，不善於在大庭廣眾之下發言；但或許他們實際上已經走神兒了，雖然眼睛還看著發言者，但是思緒早已飛到了會場之外。

因此，適當的發言應是與會者的責任之一，也是與會者擴大影響力的主要手段之一。積極參與到會議中，發表自己的見解，才能在他人面前顯示出自己的重要性，提高自身的良好形象。

4.特立獨行

在幾乎所有的會上都有這樣一種人，他們似乎與整個集體相對立，我行我素。這並不是說是整個集體要難為他們，排斥他們，而是他們自認為這是正確的選擇，喜歡標新立異，獨樹一幟。他們能從別人驚詫的眼光中獲得某種滿足感。

常見的話語是「是的，沒錯，但是……」，他們所有話的重點都落在了帶轉折性的「但是」二字上。

這裏並不是排斥那些經過了深思熟慮的疑問，也不是反對其他人的不同意見，而是需要從中分辨出那些以反對別人為樂趣的「長期持異議者」。

克服這種現象的最佳方式就是「三省其言」，不要輕易的反對，如果總是反對，那麼自己的反對意見的價值就會大大「貶值」了。

5.竊竊私語

這樣的人往往並不關心會議的議題和會議所帶來的意義。他們關心的很可能是今晚自己吃什麼飯，或是最近出了什麼新款手機等等。他們對自己參加會議的定位就是被迫來參加會議，會議在討論什麼問題與他們似乎沒有任何關係，所以他們不但在會上起不到任何正面作用，相反會拉攏一兩個其他與會者，竊竊私語，底下開小會。

　　對於這樣的問題，解決之道是，如果認為這個會議確實與自己無關，不如乾脆不要去參加，否則不論對於自己還是對於其他與會者來說都覺得是一件很痛苦的事情。

　　列舉了以上幾種不適舉動，是要告訴參加會議的經理人，千萬不要在會中有這樣的舉動，否則您的形象會被大打折扣的。

　　在參與會議的過程中，除了坐姿和站姿需要格外注意外，還要注意避免一些容易招人反感的「小動作」。小動作雖然是一些非常細枝末節的小問題，但是很能從中看出一個人的素質和教養。這些小動作包括：

1. 懶洋洋地坐在椅子上

　　我們說過，在參與會議時，坐在椅子上雖不需要都是正襟危坐，但也絕對要避免懶洋洋的姿態，這種姿態主要表現為，臀部靠前，腰部彎曲，雙肩下垂，全身鬆垮，脖子無力等。

2. 用手指敲桌子

　　有的與會者喜歡在別人發言時用手指或輕或重地敲著桌子，似乎這很瀟灑，其實這不但是自身內心緊張、焦慮的表現，還有可能令發言者認為這是一種不屑或看不起人的表示，甚至是挑戰的表示，所以很容易引發衝突。

3. 不停地看錶

　　與會者不停地看錶只能向別人透露出一種意思，就是：「我很忙，你快點兒」。即使看表者可能並沒有這種意思，但看錶很容易給發言人或會議主席造成一種精神壓力，令他們覺得會議時間太長，需要加快節奏的感覺，以至可能打亂會議議程的進行。如果您想知道時間，不妨將雙手放在桌上，微微有些彎曲，用眼角餘光就可以看見時間了。

4.不停地清嗓子、咳嗽

在大多數人的意識裏，清嗓子和咳嗽往往是一種對發言者的暗示，它提醒發言者咳嗽者的存在以及其利益的存在。所以，如果您的嗓子有些難受，不妨去一趟洗手間，在那裏大咳特咳一下，再舒舒服服地回到會場。切記不要在會場內不停地咳嗽和清嗓子。

5.無趣地在紙上塗畫

有的與會者不想聽時，就在紙上隨意的亂畫。這樣的動作雖然讓別人看起來在做筆記，但總是低著頭，並用筆在紙上不停動作，很容易引起發言者或會議主席的注意。一旦他們最後發現只是在紙上畫著與會議無關的東西，一種被欺騙感就會令他們加倍地厭惡亂畫者。

6.不停地拉領帶

大多數情況下，拉領帶都是緊張的表現，如果您真的感到緊張，拉領帶的動作太明顯了。它明白無誤地告訴大家，您很緊張。如果真是領帶不太舒服，不如到洗手間好好整理一番。

7.脫了鞋，赤腳踩在地毯上

不要以為悄無聲息地脫了鞋，不會有人知道，其實微弱的氣息變化都會引起其他人的格外注意，一旦被人發現後，您的形象就會遭到巨大損失，因為一般都認為，脫鞋赤腳是一種自我控制能力極弱的不良表現，是一種不成熟的表現，甚至會被別人看作缺乏教養的表現。

8.不停地打哈欠

打哈欠不但表現了與會者的倦意，更能說明議題的無聊和發言者缺乏吸引力。即使事情真的如此，毫無顧忌地打哈欠也會令會議組織者、會議主席和會議發言者感到憤怒，因為他們會感到被羞辱

了，是對他們的怠慢和不尊重。其實每個人都可以做到不張嘴或是微微張嘴來打哈欠，這樣的動作，顯然要隱蔽的多。

9.剔指甲

剔指甲是一種典型的漫不經心的表現。因為只有在實在無事可做的情況下，才可能靠剔指甲來打發時間。所以，這樣的動作會明確地告訴其他人「我對這會議毫無興趣，你們討論的東西與我毫無關係」。避免這樣動作的最好辦法就是為自己找點會上的事做。

10.茫然地盯著一個地方發呆

與剔指甲一樣，茫然地始終只盯著一個地方發呆，也是告訴別人「我與會議無關」，雖然身體還在會場上，實際上已經不知道去那裏神遊了。其他人會認為您缺乏對集體的關心，甚至認為您過於懶惰。

11.閉上眼睛睡覺

這是破壞力最大的一種動作之一。這表示睡覺者已經完全脫離了這個會議，以致並不在乎會議的進程以及其他與會者的看法和會議主席的想法，它將一切會議上需要遵守的規則都打破了。所以，睡覺的與會者將是公然與會議全體人員挑戰，肯定會受到會議組織者和會議主席的「關照」。

18 參加會議的核查清單

有很多原因會把會議搞砸，但是，參加會議又是不能避免的。下列的核對清單可以有效地幫助你。

會議是由別人主持的時候，下面是一些值得你思考一下的指導原則。

1.決定你是不是真的有必要參加(也許你團隊內的其他人去參加會更好)。

2.決定你參加這個會議的目的，如：

⑴給別人資訊；

⑵獲得資訊；

⑶保護你團體的利益；

⑷提出提案；

⑸針對別人的提案提出質疑；

⑹解決問題；

⑺下決定；

⑻創造新點子；

⑼其他(請寫下)。

3.決定你有沒有什麼議題可放入議程中。

4.閱讀並思考議程單及相關的文件。

5.假如你要在會議中提出報告或提案，要在適當的時機提出，並考慮一下有無必要將有關的文件發出去。

6.假如你怕別人不接受你的報告或提案，事先找出那些有影響

力的人可以支持你，並決定怎樣才能以最佳的方式呈現你的報告或提案。

7. 考慮一下你要怎麼處理反對意見。

8. 準時赴會。

9. 假如並沒有議程及/或沒有明顯的會議目的，問一下目的是什麼？

10. 假如會議開始顯得漫無目的時，再問一下這次會議的目的是什麼？

11. 假如沒人主持會議，考慮一下自願充當主持。

12. 假如沒有人擔任會議記錄人（其權力常跟主持一樣大），可以督促會議往一定的方向去並做出結論，考慮一下自願擔任。

13. 假如你認為你需要在這次會議裏有所表現，特別是在那些你沒有見過的重要人士面前，你就需要早一點發言，並且從頭到尾都要讓與會人士感覺到你的存在（同時又不要讓他們感覺到你霸佔住了會議）。

14. 將全部精神集中在目前正在討論的事上，並且確定你自己要說的話都與主題有關，值得大家去聽，而沒有重彈一些老調。

15. 假如你不熟悉正在討論中的主題，不要貿然發言或問問題，直到比你更懂這個題目的同事發言過以後再發言。

16. 假如你沒有什麼意見要發表，就不要說話，但要表現出你在積極傾聽的樣子（如很勤奮地做筆記）。

17. 假如要發言的話，清楚簡潔地說出你的重點，不要繞圈子。

18. 要注意你的言論對其他與會人士的影響。

19. 假如你有報告或提案要提出，要直截了當地讓其他人瞭解你的要點及/或好處（不要假定每一個人都讀過及完全瞭解你先前所散

發的文件）。

20.要放開心胸，隨時將別人的點子納入你的提案中——也就是將你的點子或提案變成「我們的」而不是「我的」。

21.試著去反駁所有的反對意見（但也不要失去耐性與幽默）。

22.你的提案似乎快要被否決的時候，試著延遲大家下決定（以便你日後可以再下點工夫‧‧，或對反對者下點工夫）。

23.假如真的遭到否決了，有風度地接受你的失敗。

24.在質疑或批評別人的提案的時候，要儘量有禮貌，就像別人批評你的時候，你也希望有禮貌地對你一樣。

25.會議結束後一定要確定你該做些什麼事，其他人該做些什麼會影響到你的。

26.問問你自己，你有沒有從別人那學到什麼可以幫助你與他們打交道的東西。

27.問問你自己，你達到參加這次會議的目的了嗎？若沒有的話，為什麼？

心得欄

第 五 章

會議記錄與工作跟催

1 開會後，還有事嗎

有些會議，召集者對於會議的籌備與執行等都做得非常棒，但唯獨會議結束之後就不知道要做什麼了。這自然也就影響了會議效率。

會後難道還有事？要做的事情很多，例如，在會後對會議決議、提議等進行總結，並注重檢查追蹤。儘管會後需要做的可能是不起眼的小事，卻可以提高會議的效率。

1. 會後要對會議進行總結

在總結時必須注意如下事宜：

會後，一定要整理會議記錄並下發給與會者，或把會議簡報發給與會議決議有關的人員。

會後整埋會議記錄時，一定要保持會議記錄的完整、翔實。會議記錄既要有主要內容、會議時間與地點，又要有公司高層的姓名、

會議主持人的姓名，會議中討論的議題以及達成的決議。

整理會議記錄時，要注意達成的決議一定要有確切的表述，不要有「基本上同意」「大致透過」類似的字詞。

很多公司開會，特別是一些公司的部門開會時，常常是所有議題都討論過就算結束了。這就會導致會議無效。

有效的會議是這樣的：部門經理要總結會議要點，並明確每項工作的責任人、工作要點、重點，以及完成時間等，或將會議上達成的一致成果加以總結，不管是總結成果還是分配任務，最好是形成書面文字，如各項工作要指定負責人，並規定工作完成期限等，之後及時下發給相關負責人員。

2.對每次會議決議的落實情況進行檢查追蹤

其方法包括：

會開完後，不等於萬事大吉，而是要對在會議上透過的決議或決定落實情況進行追蹤。既要追蹤上會議上提出的問題是否真正得到解決，又要追蹤相關人員對會議本身和會後落實工作的反映。

會議快結束時，會議主持人或召集者要設專人負責追蹤會議落實情況，或定彙報結果的期限和方式；如果有連續性的會議，可以在每次開會的一開始，先聽取相關人員關於上次會議決議的行或進展情況彙報。

3.整理並公佈決議內容

會議結束時，許多人從會議室走出的一剎那，都有一種如釋重負的感覺。其實這樣的感覺並不僅僅因為剛剛結束了一次漫長的會議，還在於大家心裏都明白：這次會議的結束是徹底的，領導既不會對會議取得的進展做出價值判斷，也不會有任何實質性的會後追蹤。現在你很可能明白了為什麼很多會議在熱鬧之後都被人們徹底

遺忘了。如何讓時間不再被無謂地消耗掉，對會議進行切實的會後追蹤，及時公佈決議內容，就成了掌握會議技巧的必要一環。

4.會議的結果必須傳達給下屬

幹部會議的結果，應傳達至下屬。不能傳達下去的議題並不多見，能知道下屬不知的情報，或許可使優越感獲得滿足，但在企業中是不應存有這種自我滿足感，而且僅以情報量來認定其職位的存在，未免太荒誕。

有一條原則是：「與本人有關的變更，需儘快通知。」除了在經營上必須保密的事外，凡是與下屬、個人或職務有關的情報變化，需儘快通知為宜。下屬當然知道召開了幹部會議，遲早也會知道會中討論的重要事項和所做決定，所以沒有隱瞞的必要。而且對於自己或職務上會不會有變更，是抱著期望和憂慮的焦急心情在觀望，會議的內容若不公佈，他們的心情就無法平靜。

2 為什麼需要作會議記錄

原則上，會議開了就要有會議記錄。如果是股東大會或正式的董事會則還有法律上的規定義務。

可是，這種正式的會議記錄，出乎意料之外地都是不令人感興趣的為多。說得極端一點的話，有時並不是在當場作忠實的記錄，而是事後甚至有些是在事前適當地作成，然後加上必要的簽名。正像會議是合於形式的一樣，會議記錄也是照著形式作成的。

真正有用且必要的會議記錄，反而是在通常會議中依實際作成

的。例如，臨時的而且是非正式的會議，其問題屬於實際經營活動上的課題，而集合有關部門人員來討論所得出的某些結論，其會議記錄才是重要的。

也許有人認為會議記錄是只要將結論表示出來就可以，但是還是要將得出結論的過程（誰提出什麼樣的意見）記錄下來，這樣的記錄在實際將討論付藉實施時才會有理想的參考價值。將會議結論以命令提示給部下時，有了命令產生的經過記載，才更容易使部下瞭解。同時，在各有關人員對命令有無被適當地執行欲作跟催時，也較有幫助，而在作實施結果良否的檢討時，更有用處。

這並不是要評定參加者個人的發言或意見。不管誰提出的是什麼樣的意見，對結論都是負有同等責任的。換言之，即會議記錄是今後反省檢討時的重要資料。

也許有人會說，參加人都作了筆記，所以會議記錄可以不要。但是，參加者的任務不在於作筆記而是在於討論。筆記更是個人之用而不能說是客觀的會議記錄。因此，作會議記錄有其必要性。

作成的會議記錄複印之後要送給缺席的參加義務者，必要時參加者也要送。會議記錄的記載事項約為下列各項：

①會議名稱

②會議時間（開會及散會）

③會議地點

④議題（有時議題本身就是會議名稱）

⑤主席議長及出席者姓名，例行會議而主席及出席者都已有規定時，只記缺席者姓名即可

⑥結論或所決定之今後的處理方法、遺留下來的問題點、保留事項、下次開會時間等

⑦會議經過

⑧會議記錄抄送的對象

但是問題是第⑦項的「會議經過」，這是會議討論時一來一往的經過，也是表示達到結論的過程。主要是將參加者的發言要點照發言順序記錄下來。

雖然如此，但是要將達 2 個小時的會議全記錄下來是很不容易的事，雖然是發言的要點，要逐一寫下來也是很可觀的作業量。所以不值得記下來的即予省略，同一人有重覆的發言要加以整理。同樣意見的發言，要集中於主要的發言者，用 A 與 B 的意見與此相同這種過門的方法。另外，還要將所有的要點不遺漏地摘錄。

當然，採取與記錄並行的錄音，可期待有萬全的記錄。可是在實際上，利用錄音而有幫助的例子很少，還是與速記不相同的有修煉的摘錄要點的記錄最有用處。

3 完整地做好會議記錄

會議進行中，需要進行會議記錄。在會議過程中，由專門記錄人員把會議的組織情況和具體內容如實地記錄下來，就形成了會議記錄。

會議記錄有「記」與「錄」之分。「記」又有詳記與略記之別。略記是記會議大要，會議上的重要或主要言論。詳記則要求記錄的項目必須完備，記錄的言論必須詳細完整。若需要留下包括上述內容的會議記錄，就要靠「錄」。「錄」有筆錄、音錄和影像錄幾種。

對會議記錄而言，音錄、像錄通常只是手段，最終還是將錄下的內容還原成文字。

會議記錄的要求歸納起來主要有兩個方面：一是速度要求：快速是對記錄的基本要求；二是真實性要求：紀實性是會議記錄的重要特徵，確保真實是對記錄稿的必然要求。

真實性要求的具體含義是：準確——不添加，不遺漏，依實而記；清楚——首先是書寫要清楚，其次是記錄要有條理，突出重點。

會議記錄應該突出的重點有：會議中心議題以及圍繞中心議題展開的有關活動，會議討論、爭論的焦點及各方的主要見解，權威人士或代表人物的言論，會議開始時的定調性言論和結束前的總結性言論，會議已議決的或議而未決的事項，對會議產生較大影響的其他言論或活動。

1.記錄討論的要點

在會議的進行中，經常要進行許多討論。會議記錄並不是要逐字記錄會議內容，一般只要記錄下討論的要點即可。

2.逐字錄音和修改

會議進行中，可以借助錄音設備對會議內容進行錄音，特別是決議或修正案，一定要一字不漏地進行錄音，這樣在會後整理記錄時，可以有充分的依據，便於逐字修改。

要注意答錄機擺放的位置，不要離發言人太遠，以免錄出的聲音太小；也不要離發言人太近，避免聲音過大不清楚。

3.會議記錄的宣讀和修正

在會務進程中的適當時間內，會議主持人請秘書宣讀會議記錄。有時也可延期或取消宣讀會議記錄。然而不該經常如此，延期宣讀記錄使錯誤難以發現。

秘書宣讀記錄後，主持人問：「對記錄有什麼修正嗎？」問後應稍等一下。如有修正，修正意見又經過全體一致通過，主持人應說：「如無反對，×先生所指出的錯誤將予改正。」

如果所提修正未獲一致通過，主持人不需等待別人動議即可訴請投票，以決定是否應該修正。

如有小修正，秘書應立即用筆在會議記錄原本旁邊加以註明，並附上簽名。如有大修正，要作為附錄插在會議記錄有錯的那一頁。

修正聲明要在會議記錄上記下來作為批准的證明。如果會議記錄的錯誤在以後才被發現，則由大會修正。修正和最後批准會議記錄是大會的任務。

如果由常務委員會辦理會議記錄，通常在修正後要在會議間歇期間向組織報告。在證明記錄無誤的委員會會議上，可以一致同意或多數票批准會議記錄。

會議記錄歸檔後，只能修正錯別字和標點符號，其他修正要得到大會的批准。

有些組織在每次會議後把會議記錄複本分發給公眾研讀，以便下次會議時修正。

4.會議記錄的批准

對會議記錄如無修正，或已修正好了，可由會員提出議案，批准這份修正稿；或者由主持人請大家投票通過；或者由主持人聲明：「如無其他修正，已修正的記錄將獲批准。」

會議記錄獲得大會批准前只是秘書的記錄稿，批准後的記錄，秘書要在記錄最後寫上「批准」兩字，再簽名及註明日期，這樣才成為會議的正式記錄。有些組織要求會長也簽名，有些會長和秘書在記錄的每一頁上都標註他們的簡名。

5.列印批准後的會議記錄，發至會議成員過目

這方面的工作任務主要有：

(1)整理並制發會議紀要

許多會議在會議結束之後要印發會議紀要，使與會者對於貫徹會議精神有個依據。會議紀要若能在會議結束前寫出初稿來，向到會代表徵求意見，當然很好。如果不能這樣做，在會後整理也是可以的。整理會議紀要的主要依據是會議工作報告及其討論情況。

(2)公司宣傳報導

有許多會議為擴大影響，會後(有的在會議期間)往往要通過報紙、廣播、電視等媒介進行宣傳和報導。報導稿件，有的由採訪記者執筆，為慎重起見，還往往請會議主辦單位審核；有的由會議主辦單位提供初稿，新聞單位酌情修改後發表。無論採用那一種方式宣傳報導，秘書部門都必須參與。

(3)整理會議全套文件歸卷

會議全套文件，指會議通知，會議上發放的文件資料，會議記錄和簡報，會議總結，會議紀要，會議現場照片和錄音、錄影等。

(4)檢查會議精神的貫徹執行情況

這方面應包括會議精神的傳達情況，執行會議精神的實際活動情況和效果等。發現問題或者發現效果明顯，都要及時向機關單位主管彙報，並要採取措施解決出現的問題或推廣經驗。

4 如何做好會議列印記錄

　　作為會議秘書，在會後還有一項重要的工作，就是將會議記錄轉化為列印記錄。現在很多會議雖然有錄音錄影設備，但只是適合用來查核會議發言的準確性以及會議進程的詳細情況，查閱起來過於費時費力，並不具有效率優勢。所以人們還是普遍接受可以抓住會議要點、會議本質以及會議議程主要內容的會議列印記錄。秘書進行會議列印記錄的工作包括以下步驟：

1. 準備工作

　　會議結束後，作為進行會議記錄的秘書，可能在頭腦中還清晰地記著一些會議的情節，所以，在這時進行列印記錄是最好的。首先要根據會議記錄和自己的回憶，考慮一個會議的大綱，一個清晰的大綱可以幫助列印工作順利進行，並且可以節約時間和精力，提高個人的工作效率。

　　一般來說，需要編排的項目有：會議日程副本，會議出席者的資料、缺席者名單、人員登記表，與會者手冊，分發給與會者的資料和資料副本；發言記錄副本，提議和決議的副本，其他與會議記錄有關的數據。

　　需要注意的是，在開始列印之前，一定要將所有的細節進行仔細的檢查，比如會議的題目、姓名的寫法等細節要特別注意。

2. 確定格式

　　對於大多數會議來說，列印記錄的格式都是以統一的標準格式進行的，所以在列印前，秘書應注意查看以前的記錄樣本。例如說

使用的紙張，有的組織有自己的專用紙張，甚至有專用的記錄紙張；如果沒有專用紙張，選用普通的打印紙即可；也可以在一些活頁筆記本的紙張上列印，並注意記錄頁數。

列印記錄的內容格式應與會議的議程和進行順序相對應，以下是常見的列印記錄的組成部分：會議名稱；主辦會議的組織名稱、地址；會議類型；會議的時間、地點、會議主席；會議的開始；主要與會者和出席人數；會議發言，包括發言者、題目、內容提要；尚未完成的工作，包括議題、情況；決議，包括可能的下次會議的時間、地點；會議閉幕。

如果是會議主席或重要與會者的發言，常常作為記錄附頁放在記錄的後面。而在正文中這樣記錄：「董事長劉先生做本年度董事會審查報告，報告內容見附頁。」有的會議如果有較長的決議時，也可以用這種方法來妥善處理。

3.列印記錄

列印記錄的首要規則是與會議組織以前進行的會議記錄格式保持一致，如果是首次記錄，可以參照以下一些列印建議：

白紙上部要留下一定的空白；在由上至下第十三行的中間，用大字體打出標題；日期居於標題下兩行的中間位置，用普通字體；為了節約紙張的空間，文章段落間空一行或兩行；當在提議和決議中提及用款總額時，要同時用小寫和大寫兩種方式列印；每頁的頁碼最好列印在頁底的中部；記錄結束後，需要秘書和會議主席簽名；複印必要的副本。

另外，記錄中重要的部分，例如決議內容、議題等，可以用加黑的字體列印。

4. 修改記錄

對會議列印記錄的修改，應用墨水筆在頁面空白的地方進行。重要的修改或修改內容較多的可以單獨列印在紙上，而且需要再添加一個引導註釋在原件空白處，以引起閱讀者的注意。

將會議列印記錄完成，並在有關人員簽字之後，就可以歸檔了，歸檔之後，秘書的會議工作就算全部結束了。

5 要發揮會議記錄的功能

會議記錄是高效會議必不可少的一項內容，是衡量會議效果、會後跟進落實、信息回饋及評估的重要依據。所以，會議組織者一定要確保會議記錄在會後能發揮重要作用。

會議記錄是會議指定由專人準確、如實地記錄會議的內容和組織情況，一般用於比較重要的會議或正式的會議，是會議情況的真實記載，它客觀反映了會議的內容和進程，具有重要的保存價值，是形成會議紀要和簡報的重要素材以及檢查會議決策執行情況的依據。會議記錄也是導致一個會議成敗的關鍵，它的重要性僅次於主持人。

1. 依據功能

會議記錄者沒有改造權，記錄者只能記錄，不能隨意加工、增添內容。會議是個什麼情況就記成什麼情況，發言者說了什麼就記下什麼。必須如實地記錄會議的全貌，例如會議對重大問題做出的安排、會議精神以及會議形成的決定和決議等等。一般會在會議之

後需要形成正式的文件，那麼這些文件的形成就需要以會議記錄為依據。即使不需要形成文件，也可以作為檢驗與會者在會後傳達貫徹會議精神和決定是否正確的依據。

2.備忘功能

我們需要之前會議的一些情況，但是時過境遷，有關會議的內容和情況可能無法在記憶中複現了，甚至當時作出的重要決定也記不太清楚了，這時我們不妨查查各次會議記錄。會議記錄記錄了會議的時間、地點、出席人員、主持人、議程等基本情況，對與會者的發言、公司高層講話、討論和爭議、形成的決議和決定等內容都有詳細的記錄，是會議情況和會議內容的原始憑證。會議記錄還可以成為一個部門和單位的歷史資料，若干年後，如果想要瞭解一個單位的歷史進程和發展狀況，透過大量的會議記錄就可以瞭解到。

3.素材功能

會議記錄未經整理，未經綜合，是會議內容和情況的原始記錄，也是後期形成會議簡報和會議紀要的重要素材和基礎。在會議進行的過程中我們會連續編發會議簡報，在會議之後，我們還需要製作會議紀要等，這些都要以會議記錄為主要的素材。在整理會議簡報和會議紀要時需要對會議記錄進行一定的加工、綜合、提要，但是必須要尊重會議真正記錄，不得對會議記錄所確認的內容進行歪曲、篡改。

4.觀察預防功能

當局者迷，旁觀者清。會議記錄者在會議中作為一個旁觀者可以清楚地觀察到會議中一些主持人留意不到的地方，例如那些人發言過長？那些人沒有發言？諸如此類問題，可以做好記錄，對主持人進行提醒。

5.記錄並維持程序功能

　　記錄和維持議程所設計的程序是會議記錄者的一個主要功能，主要表現在會議的事後跟蹤這一部份。會議記錄者在會議的過程中主要負責記錄、維持會議的議程所設計的程序，可以起到「和事佬」的作用。

6 上次會議決策事項的催辦流程

　　會議議定事項的檢查催辦，是為了使會議精神落到實處。同時也是資訊反饋的一條重要管道，以便主管及時掌握會議決定的各事項的辦理情況，瞭解辦理過程中出現的新問題、新情況，並有針對性地採取措施加以解決，保證會議議定事項辦理工作的順利進行。因此，每次開會先要檢查上次會議催辦工作，是會後工作中不可缺少的關鍵環節。

- 加強催辦人員的責任感，健全各項責任制，明確分工，責任到人，一人負責一項或幾項催辦工作。
- 設專人負責催辦工作，及時瞭解催辦的事項，及時解決出現的問題。
- 健全登記制度，建立催辦登記簿，列出檢查催辦的事項，由催辦人員根據情況，定期記載催辦事項的進展狀況。
- 要建立反映彙報制度。催辦人員可採用口頭彙報、書面彙報、專題報告等多種方式，定期或不定期向主管彙報催辦事項的進行情況。遇到緊急情況應立即反映，不能耽誤。對於一些

重大問題要向主管請示，要依主管的指示。

· 檢查催辦的具體辦法多種多樣，常用的有發催辦通知單，打
　電話催辦，直接派人檢查催辦。

做好催辦工作，要突出重點，著力抓好重點事項和重點環節，
不能忽視其他事項和環節。催辦人員進行催辦工作不僅要發揮自己
的主觀能動性、積極性，而且要注意取得主管的支援和幫助。

7 會議的決策內容，要加以傳達跟蹤

首先，根據會議目的，進行會議決議的傳達，是衡量下級組織
得力與否的主要標誌。一個完整的傳達包括傳達和回饋兩個過程，
而人們通常忽略了回饋，導致傳達不到位。

1.傳達會議決策

傳達的事項必須完整、準確、及時，原則上會後半個工作日內
完成所有傳達工作，如無意外情況且得到同意，不得超過會議當日
進行傳達。

傳達工作實施中，除了基本會議信息的告知外，還有一些需要
傳達人員發揮主動能力的工作內容，例如工作的動員、任務分解及
講解，等等，應視會議目的和被傳達者的特點進行傳達人員的挑選。

2.專人負責

專人指由同一個人貫穿整個監督過程，避免中間換人，更要避
免無法擔任實際落實責任的人負責；負責即要求相關人員擔起責
任，如落實的人未能按時完成任務，監督者也要承擔相應責任，這

一點也應在會上明確，成為會議紀要的一部份存檔。

3.獎懲措施

要確保會議決議的落實，相應的獎懲措施也必不可少。一般採取的措施有：掛鈎績效、未完成的處罰措施等，監督者要承擔起獎懲提醒的任務。

8 會議紀錄的管理規定

第一條　公司會議主要由辦公例會、日常工作會議組成。

第二條　例會中的最高級會議通常情況下每月至少召開一次，就一定時期工作事項做出研究和決策。會議由集團總裁主持、參加人為公司總裁、副總裁、各部門主任等領導團隊成員。

第三條　公司辦公例會是為貫徹落實做出的決議、決定召開的會議。會議由總裁主持，參加人員為各部門負責人及有關人員。

第四條　公司辦公例會由公司行政管理部組織。行政管理部應於會前 3 天將會議的主要內容書面通知與會的全體人員，並在會後14 小時之內整理、發佈「會議紀要」。

1.會議紀要的形成與簽發：

⑴公司辦公例會會議紀要、決議由行政管理部整理成文。

⑵行政管理部根據會議內容的需要在限定時間內完成紀要和決議的整理工作。

⑶會議紀要和決議形成後，由與會的公司領導團隊成員簽字確認。

⑷會議紀要發放前應填寫「會議紀要發放審批單」，審批單內容包括紀要編號、發放範圍、主管（或主持會議的公司高層）審批意見。

⑸會議紀要應有發文號，發放時應填寫「文件簽收記錄表」，並由接收人簽收。

⑹會議紀要應分類存檔，並按重要程度確定保存期限。

2.會議紀要作為公司的重要文件，備忘已研究決定的事項，發至參加會議的全體人員，以便對照核查落實。

第五條　日常工作會議由會議召集者填寫「會議申請單」，經主管副總裁批准方可召開，會議通知由行政管理部根據申請部門的要求發出。如會議需要撰寫會議紀要，由會議召集部門撰寫完畢後報有關人員及行政管理部。

心得欄

第 六 章

大型會議的策劃

1 確定所召開會議的規模

大多數會議都強調與會者之間的互動性，而會議的規模又常常直接影響到互動的狀況。如果會議的組織者希望減少階層間的隔閡，強調上司與部屬之間溝通管道的暢通，那麼恰當地控制會議規模就顯得格外重要了。

一種可用來練習控制會議規模的方法，您與您的副主管，假設為一個議題，各自草擬出一份與會者的名單。將這兩份名單合併成為一份大名單，您與副主管交替地劃去一個您或他認為在名單上最不必要參加這個會議的人，兩人不斷地輪換進行，直到兩人均無法在名單上刪減人員時為止。

這時，名單上留下的人員規模，對於以後召集相關議題會議的您來說，非常具有參考價值。確定會議的規模，要根據會議的目的而定。根據會議目的，可以把會議分為需要互動和不需要互動的兩

種會議，這兩種會議的規模確定標準是不同的。

1.需要互動討論型的會議

這種會議一般是需要經過與會者之間深入交流，就議題進行有效的討論並最後得出正確結論，所以與會者能否積極互動，是這種會議能否成功的關鍵。但是有研究表明，現在的大多數會議都存在規模超出需要的問題。冗員、拖遝以及無用的發言嚴重挫傷了眾多與會者的積極性，會議低效冗長。

開會人數越多，人際互動的複雜性就相應地增加。研究報告指出，當會議規模超過 7 人時，每增加 1 人，互動的頻率就可能相應增加 10 倍以上！報告又指出，人數越少，效率就越高，奇數人數所組成的團體效率通常都比偶數的高，而且奇數的人數還可以避免投票表決時出現僵局。報告同時說，少於 5 人的會議很難有高質量的討論，而且往往容易被一兩人所控制。所以，互動性會議的合適規模大多是 5—7 人。

表 6-1-1　現在大多數會議平均參與人數

部門	人數
項目	17.5
行政	18.4
銷售	14.6
人事	15.4
研發	12.8

2.不需要互動討論型的會議

有些會議並不需要與會者積極進行互動，如宣佈事情，發佈資

訊等，這樣的會議可以根據資訊接受的對象範圍來進行確定，如果
客觀條件如時間、地點等容許的話，可以將會議規模擴大到所需要
的程度。對於事情的傳達，應盡量減少會議次數，以大幅度提高效
率，節約更多的寶貴時間。

會議規模的確定關鍵全在於與會者之間資訊的傳遞究竟是單方
還是雙方的，如果需要相互交流，而且要保證效率，會議規模就必
須恰當地予以控制。

2 確定會議佔用時間的長短

會議主持人在選擇會議時間時，首先應該考慮的便是自己的時
間，這樣能使自己準備充分以及方便自己的作息時間。其次，主持
人也應該考慮方便與會者出席的時間，以及為與會者所喜愛的時
間。倘若與會者對會議時間有所不滿，則會議目標的實現，勢必遭
受不利的影響。

經驗顯示，絕大多數的會議都只列明開始的時間，而無結束的
時間。這樣的做法有兩種嚴重的缺陷：

第一，與會者無法對會後的工作預做規劃。

第二，會議的效率勢必降低。因為既然沒有終止的時間，本來
一個小時可以結束的會議，則可能被拖到三個小時才結束。

為了避免上述兩種缺陷，每一場會議都必須標明結束時間，而
且都必須按照這個時間準備結束。就算有些會議——比如說解決問
題的會議難以確切地把握結束時間，但主席至少應指明會議大約會

在那一個時間結束。

多數的時間效率專家均同意，以不超過一個小時為宜，因為一般人最能保持注意力集中的時間，最長不超過一個小時。

倘若會議中所探討的極其嚴肅的或是極其困難的主題，則一場會議的時間以不超過一個半小時為宜。但這並不是說一場會議不能長達兩小時以上，因為一旦議案多，則會議時間將不能不相應延長。

目前，在召開會議時存在著這樣一個不合理的現象：多數會議組織者在通知與會人員參加會議時（口頭通知或書面通知），通常只有會議開始時間，沒有會議結束的時間。對此種現象，人們已習以為常，一說起「會議時間」，一般的人也總以為指的就是會議開始的時間，而並不把會議結束的時間包括在內。正因為如此，在許許多多的會議活動中，會議時間便成了一個只有明確起點，沒有明確終點的時間「向量」。會議一旦開始，會議主持人願將會議開到什麼時候就開到什麼時候，直開得沒完沒了，直開得人們倒了胃口方才罷休。

在會議活動當中，在安排會議和向與會人員作出會議通知時，如果同時規定會議開始與結束的時間，這樣做可直接帶來兩個效果：

緊迫感將迫使主持人努力在規定的時間內，合理安排會議的各項議題，完成會議的各項任務，並保證在規定的時間結束會議，使會議呈現快節奏和高效率。

如果會議只規定開始的時間，不規定結束時間，與會人員不知道會議什麼時間結束，這樣，在同一個時間單元（如一個上午）之內就不安排其他工作了。如會議組織者在會議通知上能夠告訴會議結束的時間，那麼與會人便可以事先安排會議結束後的工作，做到開會和自身的工作「兩不誤」。

3 選擇合適的會議場所

　　許多人在從事會議規劃時，都根據會議主持人的方便以及與會者的方便，來作為選擇開會地點的依據。這樣做並不妥當，因為方便只是選擇開會地點的諸種考慮之一。會議地點選擇，至少應顧及下列七個條件：

- ·場地必須有空檔且可供使用。
- ·場地必須夠大以便容納與會者及視聽器材。
- ·場地必須擁有包括桌椅在內的適當傢俱。會議時間越長，所使用的桌椅越應讓與會者感到舒服。
- ·場地必須擁有充足的照明及通風設備。
- ·場地必須能免於聲音、電話、訪客等干擾，以防與會者分心。
- ·場地必須令主席及與會者大致方便。
- ·場地成本必須低廉。

　　以上條件，前四個可視為任何會議地點的必備條件，缺一不可，但後三個條件則往往因相互衝突而無法同時具備。例如為節省開支及與會者大致方便，主持人將會議地點定在與會者辦公室的附近。但是，由於會議地點太接近辦公室，所以在會議進行中常有電話或訪客的干擾。此外，與會者也常在會議進行中伺機進出會場。

　　反過來說，倘若為了讓與會者專心開會，主持人將會議地點改在遠離與會者辦公的地方。但是會議地遙遠，不但使與會者感到不便，而且也使會議成本因而提高。許多人對會議地點的選擇都有這樣的共識：一般性的會議或是為時較短的會議，原則上應在與會者

辦公室附近召開；但是特別重要的會議或是為時較長的會議，則應
選擇遠離與會者辦公室的地方召開。

越來越多的機構發覺機構外的會址能增加會議成功的機會。多
樣化的會議地點能激發興趣，並為常規功能增加新的方面。而且，
它為會議的便利、服務工作和可能安排的項目提供更為廣泛的範圍。

4 如何選擇會議召開的地點

對正在創業時期的公司來說，在那裏開會似乎是並不重要的問
題，但如果一旦公司走上了正軌，會議地點的選擇就是應當好好考
慮的事情了。一般說來，會議地點可以參照以下模式來選擇：

1. 公司內部的會議

公司內部的會議一般都在公司內部舉行，但根據會議的類型，
舉行的地點也應各自有所不同。

(1)公司的例會

需要有一個固定的會議場所，最好是一件獨立、寬敞、明亮的
房間，裏面有必要的佈置和相當數量的設備。這樣可以使會議顯得
比較正規和嚴肅，而一定的佈置可以讓公司員工嚴肅認真，精神集
中，並且還有一定的歸屬感。公司的每個部門一般都有獨立的會議
室，這是舉行公司內部會議的最好場所。

(2)公司高層會議

公司在主辦會議時可以使用公司內部的場地。選擇公司的董事
會會議室和股東會議室作為會議地點，這樣不但可以提高會議的地

位和聲望，而且還能同時讓一些不能到公司以外的地方參加會議的高層管理者也來參與會議。

2.公司跨部門間的會議

公司間的會議應根據會議舉行的目的不同而分別選擇不同的地點。

如果希望會議的內容儘量保密，那黑漆漆但有著柔和音樂的酒吧間十分值得考慮；

如果與會者的各個成員都充滿朝氣，那有著室內游泳池、燈光明亮的大廳則是最佳選擇；

如果您希望輕鬆地和少量的幾個會議參與者交換意見，那麼可以選擇某個參與者的辦公室；

如果是要顯示您的權威性，不管您最後的會議地點選擇如何，讓自己感到最舒服自在是重要的考慮。

(1)如果是對方公司派遣代表過來與本公司協商或談判，那麼在本公司最好的會議室裏進行協商或談判則是最好的選擇。因為這樣不但可以令對方通過會議室的豪華程度來間接瞭解本公司的實力，而且還可以通過主場優勢向對方施加壓力。

(2)如果僅是雙方公司間的一般交流，那麼選擇一個輕鬆的地方就比較合適了。例如郊區的一個渡假村，或是一家雅致的茶館，都可以令雙方卸下彼此之間的戒備之心，從而實現較為真誠的相互面對。

(3)如果是雙方間互相平等的協定磋商，不妨找個處於雙方中間地帶的飯店作為協定磋商的會議室。

3.大型、具規模的會議

大型會議，特別是比較正規的大型會議，其場所要求比起其他

會議要等級高一些，雖然對場所等級的要求高了一些，但是仍有不少地點可供選擇。

(1)會議中心

這包括專門的會議中心設施，或酒店裏的會議中心等。一般都擁有各種規格的會議廳、完備的會議設備和訓練有素的工作人員，可以給主辦者提供全面而完善的優質服務。但其收費標準也相應較高，適用於一些高規格的正式會議。

(2)公共建築

現在一些公共建築也可以承辦大型的會議，例如圖書館、紀念堂等各種公共建築，在這些地方舉行會議，客觀條件也許不如專業的會議中心，但可以借助其聲勢顯赫的社會地位來擴大會議的社會影響力。例如說，在人民大會堂舉行的會議，自然會無形中大幅度提高了會議的檔次。

(3)學校會堂

現在大多數的高等院校都有設施齊全的專業會堂和會議中心，在這裏召開會議，不僅費用支出上可以相對低一些，更重要的是，還可以表示出會議的優秀「文化氛圍」。

開會的地點一定要切合會議的內容以及形式，還要注意會議的預算、會議的規模及室溫、燈光、雜訊等各方面的因素，而且需要確保與會者的舒適度，一個讓與會者感到不適的地方不會給會議帶來任何良好的效果，而只能給會議的效果帶來不好的負面影響。

5 親自去視察開會場地

1. 徹底視察開會場地

會議安排的負責人應視察擬議中的場地。適當的核對細目應包括下列各項：

⑴檢查考慮中的全部會議室或場地。不要認為任何兩個房間都一樣；要檢查每個房間的物質條件，以發現不合適的照明或通風、不方便的休息室、妨礙安靜的通道或出口、不恰當的場地分配及其他問題。如果懷疑一個房間是否能容納會議要求的座位數字，就堅持試擺，以核對容量。

⑵隨意抽查一個單人房間、一個雙人房間和一個套房的設備。特別要警惕所謂「二等」設備，因為有些旅館把客人分為社會的和參加會議的。要特別注意檢查傢俱、床鋪的質量以及全面清潔情況。

⑶檢查登記，會議管理以及其他後勤所在地。要便於進來的客人尋找，便於到達所有的會議地點，並有加鎖的儲藏處。

⑷檢查膳食供應。要求提供過去的各種功能表。在沒有旅館人員陪同下，檢查每一個餐廳的一般伙食。注意服務質量和員工態度。

⑸假如被指定的房間不在同一層樓，則須檢查電梯的服務情況。參加者來往於各會議室是否會發生困難、造成延遲以及使會議停頓。

⑹檢查可得到的服務項目、營業時間和社交與娛樂活動的費用。便於安排好自己的娛樂、休閒活動。

⑺確定來往於會場及社區之間有無交通及停車便利。以便與會

者往返自如。

2.現場參觀注意事宜

在考慮去做現場參觀之前,先檢查一下是否已具備了前提條件:

· 報價方接受和同意會議名細表中各項事宜;

· 報價房應是後選名單中較好的一個;

· 對報價方擬訂的合約條款基本接受。

3.親臨現場實地考察

對於親臨現場進行考察應注意以下五點:

· 會見能做決策的人。這樣有利以後解決可能出現的交易問題;

· 只要可能,一定要在對方建議的日期去進行參觀。最好不要在酒店客滿時去參觀,因為這會使酒店產生直接費用;

· 不要出於個人原因再次參觀酒店;不要隨帶家屬同行;

· 想一想是以一個普通客人身份來檢查酒店待客情況為好,還是事先通知酒店以貴賓身份前往檢查為好;

· 考慮另一家酒店作為「備選」。

一般地說,協助會議的組織者對舉辦會議的地區進行考察,在較短的時間內,讓主辦單位對以下幾個方面的情況有個初步的瞭解:

⑴交通氣象資訊。颱風、天氣、道路、洗浴水溫;

⑵旅遊產品及服務。體育設施(泳池及網球場等)、出租用品、活動場地、海上活動;

⑶特殊活動的安排。特殊活動以及對會議有影響的特殊活動應有準確的活動地點、活動類型(體育運動、文化活動)、及活動的具體內容(如歡樂節、音樂中的歌舞劇、婚禮節)。

⑷餐廳旅館。過夜設施、帳篷、餐廳;

⑸公共交通及日程表。時間表、傳統航班及船隻等、特別旅遊

線路,例如山中的棧道;

(6)當地資訊。度假區服務,如郵局和旅行商等、旅遊部門、診所等、度假區的進入線路。

6 各種會議場合的評估

選擇一個滿意的會議場所非常重要,面對眾多的場所,到底怎樣去選擇呢?選擇適合的會議場所,必須依據當地可提供的會議資源狀況及該會議的程序、預計的與會人數、與會人員的背景情況,以及最重要的會議目的、目標和與會者的偏好等因素綜合考慮。會議類型應與場所搭配,例如:

· 舉辦培訓活動的最佳環境是能提供專門工作人員和專門設施的成人教育場所(公司的專業培訓中心或旅遊勝地的培訓點);
· 研究和開發會議需要有利於沈思默想、靈感湧現的環境(培訓中心或其他寧靜場所最為適合);
· 重大的獎勵、表彰型會議一定要有檔次,要引人入勝,會議的目的是對傑出表現予以獎勵;
· 對於交易會和新產品展示會,需要選擇有展廳的場所,還要求到達會場的交通必須便利。

下面分別從會議地點、歷史、服務設施、費用、安全等幾方面予以綜合考慮:

1.地點

(1)會議地點與會議舉辦者及參會者所在地的距離

會議有全國性和地方性之分。距離的適中不僅是一個方便的問題，還有一個交通成本的問題，從節約的原則出發，應考慮盡可能減少交通費用。

(2)會議地點與會議前後的旅行有何關係

會議前後的旅行通常不在會議承辦者的考慮範圍之內，因此很容易在選擇會議地點的時候被忽略。重要的問題在於是否要讓與會者進行這些旅行。如果是要他們進行這些旅行，那麼會議地點就應該臨近主要機場。

(3)會議期間，會議地點的氣候將怎樣

會議地點的地理位置通常決定著那裏的氣候。北部地區在冬天通常氣候嚴酷，而南方夏天的溫度也讓人感到不舒服。不過，情況並不總是如此。有的時候阿拉斯加比明尼蘇達的大部分地區都要暖和。季節的確是一個參考因素，但是如溫泉等特殊的地理優勢，也可能使人們對季節的一般預期大大改變。

2.歷史

(1)主辦者以前是否在這個地點舉辦過會議

從前會議的記錄在回答這個問題的時候將十分有用。不論內部承辦者還是外部承辦者，都應該清楚會議的主辦者以前是否使用過這個會議地點。如果曾經用過，那麼過去的經歷如何？對其是否滿意？與會者是否就會議地點有過任何反饋？

(2)他人以前是否在這個地點舉辦過會議

即使你或會議的主辦者從前使用過某個會議地點，徵求一下他人的意見也是有好處的。

　　他人的意見對你的判斷有幫助，但不能被當作精確的數據來參考。他們的經歷無論好壞都可能反映出個人的特點、具體的會議策劃和其他一些類似的因素，這些可能與你的情況並不相同。一直處於使用狀態的會議地點也許能夠出具滿意客戶的證明，或者至少提供這些客戶的名字、地址和電話號碼。

3.服務設施

(1)會議地點是否有汽車租賃服務

　　在選擇會議地點的時候，要考慮到那裏是否有汽車租賃服務。雖然與會者在參加會議的過程中一般不需要開車（而且一般會議主辦者也不鼓勵與會者租賃汽車，以免他們經常離開會議地點），但是總有一些與會者希望能夠有汽車租賃服務，以備不時之需。

(2)會議地點是否有商店

　　大多數會議地點都有商店，出售一些基本的日用品，如盥洗用具、全國性報刊及其他讀物、小食品。此外，那裏通常還應有美容院和理髮店等。

4.公共區域及設施

(1)是否有足夠多的電梯供與會者使用

　　所有活動都在一層樓上進行的會議在這方面沒有很大的問題，但是大多數的酒店在建築時主要都是為了提供客房。有些酒店將較低樓層上的客房改建成會場，結果可能導致電梯的擁擠。

(2)會議地點是否設有歡迎與會者的標誌

　　現在有許多會議地點都會在建築入口處或附近設立歡迎標牌。

　　設立歡迎標誌可以使與會者得到一種滿足感；他們也可以由此確認自己到達了正確的地方。在會議過程中，與會者常常會在這些標誌前拍照留念。

(3)走廊和公共區域是否乾淨整潔

會議承辦者可以親自到會議地點的走廊各處走走，查看那裏的狀況。如果可能的話，承辦者應該在一天的不同時候到走廊中進行查看，查看那裏是否有不足之處，如設置過低的煙碟或其他可能給行為障礙者和大量與會者帶來不便的牆壁結構。

(4)是否有足夠多的公共衛生間

這些地方是否乾淨且設施齊備公共衛生間有很多其他的名稱，如洗手間、休息間、補妝間等。會議工作人員應該根據會場的位置和與會者的數量來判斷公共衛生間的數量和分佈是否合適。

5.費用

(1)會議地點的收費情況是怎樣的

酒店的收費有不同的樣式，會議承辦者應該在各個具體的會議地點詳細瞭解那裏的收費方式。

(2)會議地點的收費是否有淡季折扣

會議地點通常在每年的業務淡季將價格下調，成為淡季價格。例如在美國，夏季是佛羅里達和夏威夷的淡季；而冬季則是一些北方會議地點的淡季(但對那些滑雪勝地來說不是)。如果會議對某個會議地點或某個地區特別感興趣，可以考慮把會議安排在那裏的淡季舉行。

(3)會議地點對附加收費有那些規定

如果所有方面都進行了有效的協商，那麼應該沒有任何附加收費的問題。但是，有時候會議地點以為承辦者知道有些服務、設備或空間是要額外付費的，但實際上他們不知道。一個解決辦法是雙方將所有的收費項目開列出來，並商定沒有任何附加費用。

6.景點

(1)當地的景點是否在會議地點附近

許多會議地點的附近都有一些當地的名勝。會議承辦者應該留意到這些名勝，向會議地點的工作人員、當地歷史協會或其他一些民間組織諮詢相關的資訊。

(2)與會者是否會對這些景點感興趣

不同性質的會議和與會者會對不同的景點感興趣。公眾大會的主辦者和公司雇主通常不太重視會議當地的名勝。當地景點只對那些激勵性的會議比較重要，因為這這些會議將對與會者進行回報。協會組織在主辦會議的時候會特別注意將當地名勝作為會議的一個特色，並以此來吸引與會者參加。

如果與會者對會議當地的名勝感興趣，承辦者就要在會議日程中安排一些時間讓與會者參觀這些名勝。

7.安全

(1)會議地點是否設置了可用的火災警報系統

會議地點僅僅設置了火災警報系統是不夠的，會議承辦者還應該詢問最近一次檢修該系統是什麼時候。如果會議地點不能確定這個日期的話，當地的消防部門可以提供該資訊。

(2)會議地點是否有一支保安隊伍

會議地點有保安隊伍並不能說明那裏安全，同樣沒有保安隊伍的會議地點也不一定不安全。會議承辦者應該確認保安隊伍如何工作。他們是否穿統一的制服？他們是否在大廳巡邏，或者他們是否在大堂或其他地方設崗？在出現緊急安全情況時如何與他們聯繫？

(3)會議地點距離最近的急救中心有多遠

會議地點通常有一些應對緊急情況的措施，會議秘書處中應該

有人知道如何採取這些措施，如何叫救護車，最近的醫院或急救中心在那裏，以及那裏的醫療水準如何。

7 如何篩選與會者的名單

　　無論會議其他方面工作準備的多充分，最關鍵的還是在於參加會議的人。所以篩選與會者的名單，是組織會議工作中最重要的一環，也是會議準備工作中難度最大的一環，很多經理人都為如何確定與會者的名單而大傷腦筋。現在，向您介紹幾個篩選與會者名單的標準：

標準 1：朝向有利於議題的討論

　　會議的目的，就是對議題進行討論並得出結論，所以，與會議的議題有關，應當是與會者的首要條件。但與議題有關的人員還可能依然是一個龐大的數字，可以按照以下的一些具體的標準進行篩選：

　　⑴跟討論題目有直接關聯的人。如果召開客戶服務方面的會議，那麼客戶服務部的經理就一定要到場；而如果是關於職位調整方面的會議，那麼人事經理就不可缺席。因為直接關聯人員應當對議題最為熟悉，也最有發言權。這種人員到會，不但可以幫助其他與會者客觀詳盡的瞭解情況，而且會議的決議也可能需要他們最直接的參與。

　　⑵可以提供專業或獨家資訊的人，令討論更有效率的進行。不同的人員，他們資訊的來源各有途徑。有些人由於專業性或消息管

道的緣故，可以得到較之大眾更快更準確的消息，這些消息往往會對決策起到決定性的重要作用，為使公司在競爭中穩操勝券，就需要讓這些擁有專業或獨家資訊的人參加會議。

標準2：朝向有利於會議的順利進行

成功的會議自然希望能夠順利進行，然而由於各個與會者的立場不同，就會對會議的進程產生不同的影響。為了讓會議順利進行，需要關注以下一些人。

(1)如果不按其意思辦，就會大吵大鬧的人。總會有這樣的人，如同寵壞的孩子一樣，如果不按他們的意思辦，就會不顧場合地吵鬧起來，對週圍的人和環境都會造成很壞的影響。對於這樣的人，原則上是儘量避免讓他參與會議，因為他們很可能會令會議中途夭折。但有時候如果不讓他們參加會議，可能同樣會造成事態的擴大，那麼就要謹慎的安排，例如讓更有權威的人士同時參加會議，充分利用權威人士來壓制他們可能在會議上採取的行為，以此來儘量控制他們對會議的不良影響。

(2)對會議的協調作用不可或缺的人。協調者對會議來說是非常必要的，他們可以防止會議因與會者之間一時的不妥協而夭折。一般來說，會議主席或召集者應當扮演會議協調者的角色，但他們並不一定都能夠完全勝任，所以另外還需要其他與會者來大力發揮會議協調者的作用。這種人可能是人緣很好的人，可以在不同的與會者之間做「和事佬」；也可能是公認做事公平公正的人，在關鍵時刻的表態可以得到大家的一致認可。

(3)代表著一個團體或群體的人。一般來說，會議應當是以個人的身份參與，但有的與會者可能是代表著　個團體或群體的利益來參加會議。如果拒絕這樣的人參與會議，很可能會立刻引起一個群

體的不滿和憤怒，讓他們有一個適當的途徑來充分表達自己的意見，應當是管理者採取的一種明智的必要措施。

當然，在這裏需要注意的是，必不可少依然應是選擇與會者的第一條件。

標準 3：朝向有利於召集者的意願表達

對於召集者來說，重要的不僅是會議議題的討論和會議進程的順利，還要使召集者自己的意願能夠在會議上得以充分表達。所以對於召集者意願的表達所可能持有的態度和表現，自然也應當成為選擇與會者的參考標準。一般來說，誰會支援您的意見，誰會反對您的意見，自然應當成為篩選與會者的重要標準之一。

8 確定會議人數時的注意要點

在會議活動中，參加會議的人數越多，充分利用與會人員個人智慧的可能性就越小；作為會議主持人，掌握會議，使會議討論的問題取得一致性意見或形成一致性決議的可能性也越小。

這裏有很多的原因，既有實際的原因，也有心理的原因。最為明顯的原因是會議越大，建立會議成員之間的聯繫的困難越大，在會議進行過程中，互相溝通和互相啓發的機會就越少：

· 在由兩個人組成的會議中，聯繫是比較容易建立的，因為兩個人彼此之間只有兩條聯繫的管道。

· 但是如果有了第三個人，馬上就建立起了 6 條聯繫管道。

· 如果會議有了 4 個人參加，就有了 12 條管道。

· 若有 8 個人參加，馬上就有 56 條道可供你選擇。

· 這也就是說，在有 8 個人的會議上，與會人員相互之間的溝通和聯繫管道竟然有 56 條！如此等等，以此類推。

因此，在實際的會議活動中，如何根據會議的不同形式和內容把會議人數確定在一個比較合理的範圍之內，這是每一個會議組織者都應認真對待的一個問題。如果會議人數確定得合適，這將為會議組織者和與會人之間的交流，以及與會人員相互之間的啟發和溝通提供最好的條件，創造最佳的狀態。

集體心理學的研究成果表明：一個用於研究工作或討論問題的會議，參加會議的人數不宜超過 12 人。如果所召開的是一些較大型的會議，那麼在對大會人員進行分組時，每一組的人數最好也不要超過 12 人。

如果超過 12 人，這樣做的直接後果就是助長與會人的惰性，以致在會議所進行的討論中出現濫竽充數或不積極思考的人。除此之外，多數與會人也會因人多、意見過於雜亂，而變得無從選擇；會議主持人也會因意見分散而在總結時不易概括或難以抓住重點。

所以，在實際工作當中，就一般的用於研究工作或討論問題的會議而言，會議人數最好是在 12 個人左右。這樣既便於會議組織，又易於使會議早出成果。

第七章

會議的後勤工作

1 秘書處服務，讓會議進行更高效

1.確認日期、時間、地點

「千里之行，始於足下」，讓我們先從會議前期準備的時間、地點說起。確認會議與活動的日期、時間，要精確到年、月、日、時、分。由會議開始到結束這段時間被稱為會期。預定地點要根據會議規模來定。一般小型會議可在本單位辦公室或接待室召開。中型或大型會議可在單位禮堂或多功能廳召開，也可在賓館飯店或能提供會議服務的其他場所召開。確認日期、時間、地點是會議成功召開的前提，體現秘書在會議工作中的重要職責。

2.確認參加人數

開會當然也必須注意確認參加的人數，這關係到會議規模、場地安排、餐飲食宿安排和經費的估算、支出等具體會議準備事宜。

一般情況下，均由秘書向參加者發出書面或電話等口頭形式的

邀請或通知，待得到被邀請者的回覆後統計並確認實際參加會議的人數。

3.設備的準備與調試

先進的設備可為會議的成功召開提供可靠的保障，合理的設備服務可以節省會議的開支，優質的設備是會議成功的關鍵。

在大型的會議、演說和討論會議中，為了突出所討論的要點，必用的視聽設備有：基本的功放、麥克風、錄音設備、錄影設備、投影儀、幻燈機和精巧的背投式視頻螢光屏幕和幕布等。如果是國際性會議還應有同聲傳譯的翻譯間等設備。

4.發送會議通知

會議通知一般採取書面形式，分標題和正文兩部分。標題包括「單位名稱＋會議名稱＋通知」。大型會議，如各種代表大會的通知要編發文號。一般性的日常工作會議，可只寫「會議通知」而不編發文號，會議單位應寫在通知正文下面並註明年、月、日。正文應寫明何單位、何時、何地、開何會議，會議的目的、期限、內容、日程，與會人員應做那些準備，報到時間、地點等等。文字要簡明、準確。

報名、報到及為與會人員編組，這是發出通知後要做的工作，它關係到會議主體──人的問題，要細緻做好。接到與會人員報名後，會議工作部門應當為其做好必要的準備工作。如制發證件、排列坐次、準備文件、安排食宿和交通工具等。報名一般採用信函、電話、電報、電子郵件等形式。許多會議的與會人員不是指定某個人，因而與會人員經常發生變化，會議秘書人員接到更換信息後，應立即做好相應的修正工作，如換發證件、調配住宿等。與會人員報到時，會議秘書人員應將事先準備好的文件袋（包括文件、證件、

餐券和會議用品等)發給本人,同時注意登記到達的時間和隨員人數
情況。要隨時掌握報到人數,發現該報到而未及時報到的應抓緊催
促,保證其按時參加會議。尤其應注意有外埠代表參加會議的報到
工作。在確定了與會人員名單之後要對與會人員進行分組。編組的
基本方法有兩種:一是按地區編組,二是按專業編組。編組的目的
是為了進行小組活動或分組討論等。大會中間常常需要穿插小會(或
者說小會是整個會議的重要組成部分),大會的許多具體工作要靠小
會去完成。許多具體議題總是需要分組進行討論研究的。與會人員
的編組名單,最後要經主管審定。

5.會場服務

首先是佈置會場,包括會場佈置籌畫與會場服務。應根據會議
的不同內容採取不同的形式。一般大中型會議的會場佈置應設主持
人台與代表席,在許多情況下,主持人台與講臺是合二為一的。中
小型會議的主持人台應與代表席更近一些。另外要注意設置一些標
記牌放在桌子上,以標明那裏是主持人。

2 進行會前工作審核

　　會前審核是會前準備的一項重要工作。會議的一切準備工作就緒後，必須做最後的審核，以免出現疏漏。下表為會前審核的項目及內容，可作為辦公室主任會前審核參考。

表 7-2-1　會議審核表

審核項目	審核內容
活動作業明細分工	大會秘書組；大會文件組；大會組織組；大會宣傳組；大會後勤組；大會保衛組
會場的預訂	主會場；分會場；洽談室；展示室；來賓休息室；工作人員休息室；演藝人員休息室
製作來賓名冊	姓名、地址、公司名稱、電話、職務等
邀請函	信封；邀請卡；回函明信片；指引地圖；餐券定制張數(多印 20%的備份)信封書寫；投遞日期(應在活動日期的兩三個星期前寄達對方)
紀念品方面	紀念品的選定；包裝；外包裝書寫；禮品提款；定制數量要(多出 2%的備份)
交通工具方面	飛機；廂行車；轎車
會場佈置	主席臺；會標；燈光；音響效果、錄音；座次；台下座位；茶水飲料供應
宴會的形式	餐桌入座式；自助餐入座式；立食式雞尾酒會
花飾方面	花籃；桌上花飾；雕冰花飾；胸花；贈用花束；典禮台花飾；載掛花飾；蠟燭；展示品飾花
園景製作	西式園景；東方園景；觀葉盆景、觀花盆景；茶几、遮陽傘

看板、標示板類	大門看板;方向標示;專用停車場指示牌;展示商品說明標牌;社徽、商標看板
拍照攝影方面	紀念照片;快照
女服務員著裝方面	洋裝;旗袍;各國民族的衣著
新聞方面	文字記者;新聞稿;攝影記者;錄影記者及電源準備
住宿安排方面	安排來賓的住宿(套房、單人房、雙人房);高階主管的住宿預訂房間;妥善分配房間
支付的負擔範圍	住宿、餐費、取用冰箱內的食物費用、電話費、交通費、酬謝費
安排用餐方面	住宿者的用餐事宜;來賓、司機的用餐問題;服務人員的用餐;演員、樂隊的用餐問題
活動行程方面	司儀開場白;主持人的致辭:來賓致辭;宣讀賀電;致謝辭;活動行程表;播放背景音樂;放映宣傳片
服務櫃檯工作方面	發放活動行程表;引導來賓到休息室;發放座位牌:發放紀念品;設置臨時電話;來賓簽名紀念
表演節目方面	本單元的活動安排;節目策劃及演出;節目執導;節目主持人;舞臺燈光;舞臺裝備;向導,招待、解說服務人員;節目表;遊戲節目;紀念品
展示會方面	會場佈置;演出計劃;展示、裝飾計劃;邀請函、DM 的製作;遊戲節目;選定搬運公司:遷入計劃(當天或前天)
裝設計劃(當天或前天)	展示商品;展示器具;電氣工程、安裝工程制服
解說體系	海報;說明書;解說員;說明標示牌

3 會場服務流程

　　會場服務是保證會議順利進行並取得圓滿成功的重要一環。會場服務工作的內容很多，一般包括以下幾方面：

1.引導與會人員入座

　　大多數會議，與會者的座位都是事先安排好的，而與會人員事先並不熟悉會場，因此，會務工作人員要引導與會人員入座。這樣既方便了與會者，又維持了會場秩序，保證了會議順利召開。如是大型會議，會議工作人員可以採用印刷座次表、在會場上設立指示標記、在簽到證或出席證上註明座次號碼等方式，引導與會者按安排就座。

2.分發會議文件和材料

　　會議中所需要的文件材料，會務工作人員應及時、準確地分發到每位與會者手中。如果文件材料事先已準備好，可以在與會者進入會場時，由會務工作人員在會場入口處分發給每位與會者，也可以在開會之前按要求在每位與會者的座位上擺放一份文件材料。在會中分發文件材料時，可以把會務工作人員分派到各組，每人負責各組的文件材料的分發和收退。收文時要登記，以免漏收。

　　需要收回的文件材料，一般在文件的右上角寫明收文人和收文時間。

3.會中內外聯繫、傳遞資訊

　　會議的進行不是與外界隔絕的，需要會務工作人員進行內外聯繫，傳遞資訊。如有關部門的緊急情況要轉達與會人員，可採用傳

遞信件、接電話等。在內外聯繫、傳遞資訊中，會務工作人員應該
注意會議內容的保密，一切需要保密的會議內容不可洩露出去。會
務工作人員說話要掌握分寸，謹慎行事，對於一些密級較高的會議
內容，可採用事先規定好的暗語進行聯繫。

4.維持會場秩序

會務工作人員應制止與會議無關的人員進入會場，以保證會議
的安全。會議進程中如發生混亂，會務工作人員要及時制止和調停。

5.處理臨時交辦事項

會議進程中，可能發生一些出乎意料的臨時變動，會務工作人
員應及時請示並根據指示採取應急措施，妥善處理。

6.其他服務工作

會場服務工作的內容很多、很雜、很細，並且不同規模、不同
類型、不同級別的會議服務內容也不一樣。如：及時準備好會議期
間所需的物品，如筆、墨、紙張等；保證會場光線，保持會場清潔
衛生；準備好茶水等。

會場服務工作的好壞，直接影響會議效果，這就要求會務工作
人員要認真負責，對會場服務工作作細緻、週密的安排。

4 會議文件早準備

1.會議所需文件類別

秘書所需準備的會議文件主要有：會議的指導文書、會議的主題文書、會議的程序文書、會議的參考文書和會議管理文書。

會議的指導文書又包括：上級會議文書、上級指示文書、本級開會起因文書等；會議的主題文書又包括：開幕講話報告、專門發言、選舉結果、正式決議、閉幕講話等；會議的程序文書又包括：議程文書、日程安排、程序講話等；會議的參考文書又包括：各部門統計報表、財務報表等；公告、傳達文書包括：會議通知等；會議管理文書又包括：開會須知、議事規則、出示證件、作息時間、生活管理等。

2.會議文件的撰寫

這是一件十分嚴肅而又細緻的工作。它包括素材、數據及典型材料的搜集、整理，文件的起草與修改等環節。會議的主題文書，特別是會議報告、主要文件、正式文件、會議紀要等要下大功夫撰寫好。開會通知的撰寫要體現會議主題。程序、講話雖然都比較簡短。但關係到整個會議的進行，擬定時應該簡明、準確。會議的其他內容很多，如會議名稱、與會人員名單、出席證、列席證和必要的標語等也都是會議的主要文書，均不可忽視。

3.準備並檢查文件的準確性

準備和檢查文件的準確性是一項非常艱巨而必要的任務。文件主要是會議日程、會議通知、主持人日程和報告。檢查文件的準確

性時一定要認真核對每一項細節，尤其是時間、地點、活動內容、與會人員名單、車輛、會議名稱、出席人數、主持人名字等，要確保每一項都與實際相符。

會議的日程要盡快檢查核對，印發給與會者，以便主辦單位人員同與會者能盡快熟悉，互相溝通。制定會議生活管理的計畫，必須瞭解將要召開的會議的基本情況和要求，如會議日期、會議規模、會議日程（或議程）、會議通知、主持人日程及報告等，根據掌握的總體情況制定出詳細的計畫和實施方案，然後報請會議主管審批。計畫一經批准就要立即著手實施。各項準備工作基本完成後，應對準備工作進行一次詳細的檢查，確認沒有問題以後，把準備情況向會議主管彙報，並將計畫印製成圖表分發大會使用。

4.整理文件

會議開始前，要精心印製講話稿、會議日程安排表、會場指示圖、賓館內部示意圖，並將以上文件及附送的本市交通圖等裝訂成冊，注意不要缺頁要便於攜帶和查閱。印製這些文件要根據與會人數並注意留出足夠的份數，以備與會人員遺失文件時用。印製好的文件要根據與會人員不同的單位、部門、級別整理好，以便分發。

5 準備會議資料用品

　　不同性質的會議對會議主體文件及用品的要求是不同的。概括來說，會議的主要文件資料有四種類型：

　　⑴制度性會議文件。此類會議文件的種類多，要求規範，比如：企業的年度工作報告。

　　⑵工作會議文件。由於會議的任務不同，或是結合本單位的實際情況，作出工作決策與部署，或是總結交流經驗，推動工作。在會議之前應針對會議的主題要求起草報告，有時還要從某一側面準備專題材料或專題的補充說明材料。

　　⑶商定工作問題的小型會議，會前需對準備提交會議決議的問題的梗概、癥結、處理意見以及對處理意見的論證等，形成書面文字材料。材料應由提交問題的部門起草或由會議秘書協助，然後將材料複製，發給與會人員。

　　⑷為了證明與會人員的身份，維護會場安全，就需要製作會議證件。證件形式一般有折疊卡和單頁卡兩種。不同身份的證件，可以用顏色加以區分。證件正面要寫明會議名稱、證件類型。背面書寫姓名、單位、座次、編號。重要的或保密的會議，要在證件正面貼本人相片並加蓋會議秘書處的鋼印，以保證會議的安全。

　　會議召開的目的就是召集人對議題進行討論，並做出決議。若想進行充分的討論，僅僅依靠與會者的記憶是遠遠不夠的，所以，會議還需要大量的文檔和資料。會議所需的文檔和資料一般有以下幾種：

1.發言稿

會議中,與會者有大量的發言,尤其是主席或展示者的發言是最重要的,特別是在一些大型的會議上,其重要的內容就是公開發言。所以不但要求發言者有一定的口頭表述能力,而且力求發言稿的內容和質量既要簡明扼要、重點突出,又要深入淺出、通俗易懂。

一般來說,發言稿都由發言者本人撰寫,即使他人代寫也要讓本人審核,這樣才能保證發言內容符合發言者的意願。少數形式化的發言可以由別人直接代寫,如賀詞等。

2.公開資料

對於大多數與會者來說,會前他們並不瞭解其他與會人員對於議題的理解和看法,所以在會議開始前,應允許一些與會者分發他們自己的資料,但這樣做可能會使會場秩序比較混亂。組織者最好在會前就提前向各個與會者發出通知,讓他們提交自己需要分發的資料,由組織者統一分發。從有效傳遞資訊的角度而言,無論是其他與會人員的資料,還是組織者自己的資料,都應當提前裝入材料袋。從而避免因臨時分發資料而導致會場秩序混亂的局面。

另外,如果會期較長,組織者還應當將會議日程及其他安排印製分發與會者,使與會者能比較清楚地瞭解會議的安排。

3.對外新聞稿

現在的大型公開會議,都越來越重視媒體的宣傳作用。善用媒體管道,可以低成本地向大眾宣傳,擴大會議組織者與參與者的影響力。向媒體提供資訊的最主要管道就是對外新聞通稿。新聞通稿應提前由組織者撰寫,包括會議的議題、組織者、參與者以及主要內容等幾個部分。由於新聞通稿可能直接用於發表,所以文章應力求語言流暢,通俗易懂,應最大限度地避免出現深奧難懂的專業性

辭彙。

會議的文檔和資料雖然只是起到了輔助作用，但由於其不可更改的特性，所以在準備時也應當小心謹慎，以保證內容準確。

6 主席臺的佈置要點

主席臺是會議的中心，也是會場禮儀的主要表現。主席臺佈置應與整個會場佈置相協調，並作強調突出。

1. 座位

主席臺座位要滿座安排，不可空缺，倘原定出席的人因故不能來，則要撤掉座位，而不能在台上空著。

第一排的座位以中間為貴，依傳統，一般由中間按左高右低順序往兩邊排開，即第二領導坐在最高領導左側，第三領導坐在最高領導右側，以此類推。

若人數正好成雙，則最高領導在中間左側，第二領導在中間右側，也以此類推。但目前國際流行右高左低，因此安排涉外會議時，也要靈活使用。

2. 講臺

主席臺的講臺，應設於主席臺前排右側台口。講臺不能放在台中央，使主席團成員視線受妨礙。講臺上主要放話筒，但也可適當放上一盆花卉。講臺桌面要便於發言者打開講話稿或擺放相關材料。整個主席臺的講臺，可放置花卉，但要選低矮些的綠色品種。

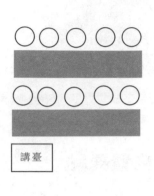

主席臺座位安排圖 1

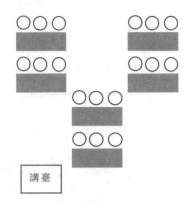

主席臺座位安排圖 2

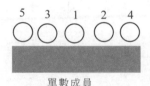

單數成員

主席臺座位安排圖 3

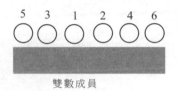

雙數成員

主席臺座位安排圖 4

3.話筒

發言席和主席臺前排座位都應設有話筒，以便於發言者演講和會議主持人講話。

一般發言席和主持人話筒專用，其他主席臺前排就座者合用兩三個話筒，但一般置放於主要領導面前。

4.後臺

主席臺的台側與後臺，應設為在主席臺後面的休息室，以便於他們候會，並盡可能在後臺排好上臺入座次序，以免造成混亂。

有時會議也許發生了一些小故障，後臺還可以讓有關人員作商量對策，排除困難之用。主席團成員開會，也可利用後臺休息室。

所以，會務工作人員千萬不可忽視了後臺的作用。

5.旗幟

主席臺上的旗幟應圍掛在會徽兩邊，顯得莊嚴隆重；主席臺的兩側插上對應的紅旗或彩旗，不但可增添喜慶氣氛。更襯托會議的精神。

7 會場座位的有序佈置

會議效果常常受到會議地點的影響。選擇會議地點應當包括對如下因素的評估：理想的會址對絕大多數與會者來說。應該是行程最短的（不要受級別影響而忽視大眾的便利）。首先要考慮沒有打擾、噪音和其他使人分心的因素。許多業務會議安排在遠離辦公室的地方，以擺脫日常事務，達到集中注意力於會議的目的。不用說，適當的通風裝置，空氣流通，照明度，音響效果和溫度調節，這些都是促成有效的會議氣氛必不可少的主要條件。

與會者座椅的舒適程度和他的注意力持續時間之間有明顯的相互關係。假如會議地點是租來的，應檢查那裏的設施和器材。便於圓桌會議參加者的器材，對大多數會議有好處。同樣重要的是也應該有能使人精神振奮的設施。

會議室的大小直接影響會議的氣氛，而會議室的大小又取決於會議室的佈置，會議室的佈置又以桌椅的佈置最為重要。桌椅和發言人講臺的實際佈置不僅取決於開會的人數，而且取決於會議的目的。

一、會場佈置的排列方式

1.教室型(課桌型)

教室型佈局是最常見的會場佈置方案之一,當與會者有會議上需要參考印刷材料的時候比較適用。在這種佈局中,發言人可以看到所有的與會者,但是大多數與會者只能看到別人的後腦,這不利於與會者之間的交流。封閉型佈局是將教室型佈局中的走道去掉,這在空間有限而與會者較多的情況下可能是必要的措施,但是這種佈局也限制了與會者的活動。而箭尾型佈局或 V 型教室佈局,則可以在某種程度上允許與會者進行一定的目光交流。

這種佈置與學校教室一樣,在椅子前面有桌子,方便與會者作記錄。桌與桌之間前後距離要大些,要給與會者留有座位空間。這種佈置也要求中間留有走道,每一排的長度取決於會議室的大小及出席會議的人數。

一般要求每個座位上放有墊子,每個座位都提供一個水杯,或者每個座位放置一個水杯或用託盤提供水杯服務。

房間內將桌椅安排端正擺放或成「V」型擺放,按教室式佈置房間根據桌子的大小而有所不同。

特點:可針對房間面積和觀眾人數在安排佈置上有一定的靈活性。

如果需要作記錄,或者是超過兩小時的會,就用帶寫字板的椅子或佈置成排桌子。兩個人一張 2 米的桌子才適於工作以及安放玻璃杯、飲水瓶和煙灰缸——如果需要的話(記住要使吸煙者與不吸煙者分開來坐)。桌與桌之間要保持適當距離,以便開會時座椅的搬動

和參加者的走動。

2.主持人台 U 型

很多小型的會議傾向於面對面的佈置和安排，「U」形是較常見的，即將與會者的桌子與主持人台桌子垂直相連在兩旁。將桌子連接著擺放成長方形，但空出一個短邊。椅子擺在桌子週邊也可以內外都擺放。許多業務會議中途擱淺，大都是因為物質上的不舒適影響思考和傾聽。如果會議室沒有外部干擾和噪音，空氣流通，溫度控制適當，思維就能最好地發揮作用。理想的會議室應該是座位不擁擠，視線好，聽得清楚，照明要明亮而不耀眼。這種綜合的環境條件比想像的難以找到。

如果只有外側安排座位，桌子的寬度可以窄些；如果兩旁安排座位就應考慮提供更大的空間來呈放材料。

U 字形可能是最普遍的形式。這種形式需要三張或三張以上的桌子排成 U 字型，主持人坐在離 U 字型一端稍遠的第四張桌子。

對於一個十二人的會來說，這種形式的座位佈置需要一間最小為 6 米×9 米的房間。

3.主持人台方框形和圓形

將主持人台與會者桌子連接在一起，形成方型或圓型，中間留有空隙，椅子只安排在桌子外側。

這種佈置通常用於規格較高、與會者身份都重要的國際及討論會等形式。

這種會議人數一般不會很多，而且會議不具有談判性質。

正方形／矩形佈局實際上是一個封閉的 U 型佈局。這種佈局可以使會場容納史多與會者，但要求發言人和與會者坐在一起。這對有些演說是有利的，不過發言人需要具有較高的技巧。由於發言人

和對面與會者之間可以有更多的目光交流，所以他或她會傾向於與這些與會者進行更多的交流，除非發言人有意將所有與會者都帶人討論。

4.圓桌佈局

如每個小組限於八人以下，而且無需使用黑板或其他展示品，就可用此種形式。主要的好處是參加者能彼此看得清楚。桌子不一定是圓桌。一張長方形桌，主持人坐在桌子的一頭，便於使用黑板或其他展示品，但坐在桌子另一頭的人稍有不利。

圓型的自助餐型的桌子佈置多用於有關酒會等與飲食結合在一起的會議。在中間的圓桌上可以放上鮮花或其他展示物。

自助餐型還有很多的變化形狀，可根據具體場所和時間來安排。

5.T型佈局和指導型佈局

T型佈局最適合進行小組討論。也可以將圖中的兩排桌子改為一排，讓與會者面對面地坐在桌子的兩邊。T字的頂端是發言人的座位，因此不應該向兩邊伸出太多。指導型佈局與 T 型佈局很相似，主要的區別是在指導型佈局中，發言人和與會者圍坐在同一張桌子旁。如果會場裏只有一張長桌或幾個沈重而不易搬動的桌子，這種佈局方式就很必要了。

6.E型佈局和輻射型佈局

E型佈局是 T 型佈局的延伸，可以容納更多的與會者。它的局限在於與會者不能方便地看到其他同伴。如果空間允許，可以用開放式 E 型佈局或輻射型佈局來代替它。在 E 型佈局中，與會者可以坐在桌子的一邊或兩邊。

7.V型佈局和倒 V 型佈局

V型佈局和倒 V 型佈局的區別在於發言人的位置。這兩種佈局可

以使與會者彼此看到，以便增加相互間的目光交流。同時，這兩種佈局也可以讓發言人方便地看到與會者。如果發言人不喜歡和與會者分開，則可以採取倒 V 型佈局，這樣就能和與會者坐在同一張桌子旁，不過可能不太容易看到所有的與會者，具體情形要根據 V 字的角度而定。

　　8.討論會型佈局

　　用兩張長桌並列成長方形討論舊的形式，一般有方形，圓形和橢圓形幾種，多用於討論會，也可用於宴會等。

　　桌上一般要求有臺布，椅子與臺布接近。

二、會場的座位排列

　　佈置會議場地，應考慮會議的性質及與會人數的多少。例如在提供資訊的會議裏，倘若人數衆多，則以不設桌子的戲院式安排或是設桌子的教室式安排較為理想。在解決問題的會議裏，假如人數不多，則最理想的安排是讓每一位與會者均環繞桌子而坐，這樣可方便每一個人跟其他的人進行多項溝通。再如在培訓會議裏，如人數不多，則可令與會者坐在馬蹄型的桌子的外圈，這樣不但便於與會者與主持人之間的溝通，而且也便於與會者跟與會者之間的交流。但若人數衆多，則最好是將與會者分成若干小組，每一小組各聚在同一桌子週圍。這種安排的好處在於方便分組討論及綜合討論。

　　1.排列座次的幾種規則

　　a.凡要正式公佈名單的，按照名單先後順序排列座次。

　　b.按照選舉得票多少排列座次，得票數一樣的，以姓氏筆畫為序排列先後。

c. 按照姓氏中文拼音字母字頭為序排列先後。

d. 按照姓氏筆畫為序排列座次。

2. 排列座次的幾種方法

a. 橫排法。即按照公佈名單或以姓氏筆畫為序從左於右依次排列座次，先排出席會議的正式委員（代表），後排候補委員（代表）。

b. 豎排法。即按照各代表團成員的既定次序或姓氏筆畫沿一條直線從前至後依次排列座次，正式代表在前，候補代表在後。每個代表團的排列次序按固有順序從左至右排列，或以會場中心座位為基點，向兩邊交錯擴展。

c. 左右排列法。即按照公佈名單或以姓氏筆畫為序，以會場或主持人台中心為基點，向左右兩邊交錯擴展排列座次。傳統習慣以左為上，排在第一位的居中而坐。以此為基點，其餘的以居中者的左手方為第一順序，一左一右，依次排列。

3. 座位編排與會議成效的高低具有密切的關係

除了座位的安排之外，在佈置場地時，仍須注意以下幾項：

a. 應先決定準不准在會場吸煙。倘若准於吸煙，則應準備煙灰缸。倘若不准吸煙，則不能讓煙灰缸在會場中出現。此外，你最好能在會場中張貼不准吸煙的標誌或文字。當與會人數眾多時，你也可以按實際需要，將座位區分為吸煙區及非吸煙區。

b. 如與會者之間彼此並不熟悉，則應考慮是否事先準備姓名卡片。

c. 準備視聽器材。黑板（白板）、報紙、甚至幻燈機、投影機與放映機等應該被視為一般會議可借用的基本工具。但要特別注意的是：幻燈機、投射機與放映機所投射出來的文字或圖形，應讓全部與會者都能看清楚，而且它們應準備就緒以便隨時啓用。

d. 除非是較長的會議（超過一個半小時的會議），否則儘量不要提供茶點，以防與會者分心。

e. 當議程甚短且無需作記錄時，可考慮採取站立的方式開會。

4. 現場審查

不論對會議的規劃有多詳盡，不論對會議的準備工作有多週全，倘若在開會前你對會場不作最後的審視，都可能會功虧一簣。墨飛法則之中有一則很具警惕性：假如有任何事情可能出紕漏，則一定會出紕漏，而且就在最不應該出紕漏的時候出紕漏。基於此，在開會前的半個小時至一個小時，組織者最好是親自或是派人到會場審視以下四件事是否作好：

a. 座位是否按原定計劃編排？

b. 視聽器材是否準備妥當？如果用幻燈機或投影機，則其焦距是否已事先調整妥當？如用放映機，則其焦距、音量等是否已調妥？如用麥克風，其聲音效果是否事先已調好？幻燈機、投影機及放映機是否已備妥額外的燈泡？你自己或是在場的助手是否懂得對視聽器材作簡單的維修工作？

c. 會議有關的資料是否齊全？這包括準備會中派發的資料、姓名卡片、張紙、鉛筆等。

d. 必要的時候，再致電與會者提醒他們開會時間及地點。特別是在會議通知已發出去很久的情況下，開會前的提醒功夫，頗能產生實效。

8 提前發放會議通知

發放會議通知是會前重要的和關鍵的一項工作。因為沒有會議通知的發放，與會者便不可能到會，當然會議也就無從召開。一般來說，會議通知座提前發放，這樣與會者也好早做準備。

1. 準備和分發會議通知

會議通知按形式分，有口頭通知和書面通知；按通知的行為方式分，有面對面通知、電話通知、電腦通知、電報通知、壁報通知、報紙通知、廣播通知、電視通知等。會議邀請函、請柬也是會議通知的書面形式。

會議通知都應按法律和章程的規定辦理，法律章程沒有規定時，應依照慣例和具體情況辦理。一般來說，規模較大、較為重要的會議都應發書面通知。在特殊情況下還可採用公告的方式，如果參加人數不明，可在報上刊登公告。除了公告通知外，必須確切送達被通知人並取得一定的證明(例如簽收、收據、掛號信單據等)，以免事後發生問題。接到通知的人不參加會議，是他自己放棄權利；但是組織者不發通知或通知有誤，這是組織者的責任。

2. 列印或複印會議通知

會議通知寫好以後，在列印之前，要注意存檔，以便將來查找或修改。在列印之前，再仔細檢查一遍，看看是否有寫錯的地方。列印時，可以先打一份看看效果，以避免紙張和油墨的浪費。列印之後，通讀列印稿全文，查看有無列印錯誤之處，發現錯誤要及時修改，確認無誤後，方可送到複印室複印。在複印之前還要統計好

複印的數量，留足備份，以備不時之需。

3.發送會議通知

會議通知的發送、佈告工作同會議通知的撰寫一樣，屬於會議文書工作。

(1)寫信封

要寫清收文單位的位址和單位全稱，有時還要寫收信人姓名。特別要注意的是，單位名稱不要任意簡化，例如收文單位是「桂華外貿公司」，不能簡化成「桂華公司」，如果隨意簡化就容易造成誤解和錯發。

(2)裝通知

信封寫好後要裝入會議通知，並在封口之前仔細檢查一遍是否裝入了通知。

(3)封信口

通知裝入信封之後，要逐個將信口封貼起來，防止失落。

(4)核對

將名單與信封核對，防止遺漏或重複。

(5)發送信封

送到收發室時要進行清點，請收發人員打上編號，以備查詢。

4.發通知應注意的事項

對擬任免、調動的人員發通知要特別注意，不能把準備調動但是尚未調動的人的通知發錯單位；不要給去世的人發通知。這樣的事聽起來似乎是笑話，但實際工作中卻發生過。在過年過節舉行團拜會、茶話會、聯歡、座談會時，給一些已離開工作崗位的人發請柬，由於平時沒有聯繫，掌握情況不夠，工作不細，致使請柬發出去又被退了回來，信件上註明「此人已於某年某月某日去世」。一般

的會議只發一次通知。有些會議需要發預告性通知，預告性通知通常用於與會人需做大量會前準備工作的會議。如需準備發言材料或方案等。對於一些區域性、全國性乃至國際性會議，需要安排與會人員食宿和回程的，還要在發送會議通知的同時附上會議通知回執，以便會務人員安排接站和訂車、船、機票。

發送會議邀請函和請柬的方法，與發送會議通知基本相同。會議組織者和與會者之間是非隸屬關係的，或會議需要邀請特邀代表和上級列席會議的，就可以考慮向這些與會人員發邀請函或請柬，如慶祝會、紀念會、聯誼會、交流會、新聞發佈會、鑒定會、項目論證會及一些工作性的會議等等。請柬的發送通常是面對面的，所以要選好發送人。

向一些重要的、地位較高、身份特殊的特邀代表及列席人員發送特邀請柬，需要有一定身份的人出面邀請，遞送請柬。如果無法親自送達，要交待遞送通知的人代向被邀請人員致歉，並誠懇發出與會邀請。如果邀請函或請柬交由被邀請人所在單位的辦公廳轉發，就要在一定時間內，落實被邀請人員是否接受邀請參加會議，如無隨行人員，是否需要派車接送；如果會上有便宴安排，則要向該單位有關人員瞭解被邀請人有無特殊飲食要求，如果是少數民族，那就要尊重少數民族習慣，安排好飲食。

實際上，會議期間因為要開一些小會，所以還有個會間通知的問題。會間通知要貼在醒目處，一定要寫清會議的詳細場所。會間的通知最好在會上宣佈或飯前通知，否則很難通知到所有與會者或有關人員。

9 製作會場的現場標識

在佈置會場時，不但要選擇恰當的引導形式會讓與會者感到和諧親切，而且各種指引標籤製作齊備時，將有利於與會者更加方便入場參加會議。

1. 製作會標

會標是顯示會議名稱的標誌，會議的會標通常都以紅布橫幅作底襯，其製作方法主要有三種：

· 選用適當規格和顏色的紙張，用廣告色書寫，隨後將書寫有會議名稱的紙張均勻地排列並固定於橫幅之上。

· 按照適當的規格，將會議名稱的每一個實際情況用鉛筆在白色(或黃色)膠版紙上打出草稿，隨後將字剪下並排列固定於橫幅之上。

· 請廣告公司用專用製作設備將顏色適當的不乾膠紙，按照電腦設計好的字形刻出，並粘貼於橫幅之上。

在製作會標時，每一個字的規格，根據主席臺的台口寬度和會議名稱的字數確定。具體方法可按下列公式進行：

會標每個字的規格=(台口寬度－間隔)÷(字數+2)

例如：一個會議的主席臺的台口寬度為 10 米，會議名稱為 11 個字，計劃每字間隔為 0.1 米(10 個間隔共計 1 為)。這樣按以上公式計算出的會標上的每個字的寬度就為(10-1)÷(11+2)=0.7 米。

2. 製作桌簽

會議桌簽是在會議活動當中標明桌號和就坐人身份的標籤。桌

簽多用於茶話會、宴會等會議。會議組織者在發出會議請柬時，一般在請柬之上同時註明主坐的桌號，使與會人在進入會場後能按桌簽所標明的桌號入坐。

3. 製作座簽

會議座簽是在會議的各席位上標明就坐人姓名的標簽。會議座簽一般在引導與會人員就坐時使用。常用的座簽有兩種形式：一種是三棱形，一種是卡片形。

- 三棱形座簽是用硬質材料做成的三棱柱體，平放於桌上。在柱體前後兩面夾層插入就坐人的姓名卡牌即可。這是目前在會議活動當中較多被人們採用的一種座簽形式。
- 卡片形座簽是一種最為簡單的座簽形式，多在一些宴會或招待會上被採用。此種座簽是用卡片紙做材料，按適當的規格剪出一長方形。然後再將一端剪成錐形，將錐形部分後折90°，平放於桌上，寫上就坐人的姓名即可。

4. 會議入場憑證

會議入場憑證是與會人員進入會議場所和參加會議活動的有效證件。一般有專用入場憑證和代用入場憑證。

- 專用入場憑證是會議組織者為本次會議專門製作的證件，如出席證、代表證、簽到證、入場券等。
- 代用入場憑證是會議組織者利用會議的其他文書形式，在其特定的功能完成以後，繼而又作為會議入場憑證使用，如請柬、會議書面通知等。

10 會場的照明要求

　　要根據會議場所整體空間藝術構思，來確定照明佈局形式、光源類型及燈具造型等。就光源而言，在以討論為主的會議中，室內的氣氛要求穩定，採用白熾燈效果最佳。若是為了傳達指標、聯絡或交換意見，則以採用照明度高，且具冷靜效果的熒光燈為宜。如果是對某一特定對象使用聚光燈，便需要充分運用光線的再現性，來達到理想的效果。

　　有關照明設備方面，也有一般環境用照明和演出用照明兩種。對一般環境而言，在白天時，因為有自然光線可供照明，所以照明的裝置只要能夠彌補自然光線不足的部分即可。然而對演出用照明，一般使用下射式照明燈，如果房間要改變氣氛，也可以使用白熾燈照明。

　　照明設計要注意以下幾個問題：

* 不要向發言者打上太強的光，這會使他們感到不自然。
* 要確定與會議地點適合的照明最佳方案，因為有些場所反對在牆上或者天花板上懸掛過重的照明裝置。
* 如果需要全程錄影，應確保有足夠的照明度，使錄影機能拍錄到高品質的影像。可以考慮購買或者借用先進的錄影機，在彩排時拍下會議，以免與會者受到過強的燈光照射而苦惱。
* 黑暗也有特殊效果，如果可以把會場變成一片漆黑，可以產生很好的戲劇效果。
* 給發言者設計一盞閱讀需用的臺燈。這種燈通常固定在講臺

上，不過，為了保險起見，準備一盞可移動的小燈，不失為一個好主意。

· 不要讓工作人員或者與會人員碰撞專業照明裝置或者設備，這樣後果可能是很危險的。

· 把照明看成是會議設計的一部分，不應把它看成是附加的技術。照明本身可以創造情境，有助於節省經費。因此，要先與設計師一起商量好。

11 會場的色彩佈置

利用會場的色彩效應，就是通過使會場顯示不同的主調色彩來渲染和烘托會場的氣氛，調節與會者的情緒，並使之和會議主題相協調。

公司如有 CIS 顏色的統一規劃，在會議中應明顯的突出此種經營理念、色彩。

心理學的研究結果表明：色彩作用於人的感官具有象徵某種意義的作用，如紅色象徵熱情、希望和健康；黃色象徵光明、溫暖和權貴；綠色象徵生機、和平和涼爽；藍色象徵寧靜、秀麗和清新；紫色象徵高貴、華麗和超然；黑色象徵肅穆、莊嚴和沈重等。

據此，在對會場進行佈置時，應注意儘量配合會議主題，使會場充分顯示出符合會議主題的色彩來。

· 如慶祝會、表彰會和歡迎會等，為了顯示熱烈喜慶的氣氛，會場的佈置要以必要的紅色裝飾為主。

- 如果召開座談會，則可適當突出一些藍色，使會場顯示出清新、明快的氣氛。
- 如是工作會議或辦公會議，會場佈置在簡潔當中可適當增加一些綠色，以使與會者在眼睛疲勞時，借助於綠色可得到適當的調節和休息。試驗證明：當綠色在人的視野中約佔 25% 的比例時，人的心理情緒最為舒適。除此之外，為使會議出現好的效果，使會議效率得到提高，在佈置會場時，還要適當考慮季節的因素：
- 如在冬季，佈置會場時可加強暖色佈置(如紅、黃色)，以給人溫暖的感覺。
- 如在夏季，則可適當增加一些冷色佈置(如藍、綠色)，以給人清爽的感覺。

12 會議現場的視聽設備

1. 投影機

準確地講，投影機是電視機的特例，它可以將電視畫面擴大多倍。螢幕的大小取決於房間的空間。

安放螢幕的位置、角度一定要恰到好處，使演講人的頭不用離開講桌上的麥克風便能看到螢幕。儘量避免枝形吊燈架防礙投放的圖像，影響到螢幕的大小和設置的角度。

將螢幕放在伸縮杆上會給底部高度增加 0.3—0.38 米，尤其是房間又長又窄時這樣做會更好。只有螢幕放置得足夠高時(放在伸縮

杆上），才不至於影響後面的人看清螢幕。

放映機一般放在會議室裏離觀眾較近的地板上。

幕後投影儀經常放置於螢幕後面。雖然圖像不如幕前放映機放得那麼清楚，但是會議室看上去很整潔，因為螢幕後所有的設備都看不見。而且，如果房間光線較好的話，使用幕後放映機比使用幕前放映機更便於觀眾觀看螢幕。

2.電子書寫白板和鐳射筆

過去的白板書寫一頁需要擦一頁才能繼續，不但耽誤時間，而且想看前面寫了什麼都不可能。而電子書寫白板則利用現代科技手段，克服了傳統白板的缺點。它用電腦控制，寫完一頁後，按動電鈕，自動翻出新的一頁。想看前面的內容，可以倒退回來，非常方便。

3.鐳射筆只有一支

香煙大小，是利用鐳射原理製成的，可以發出紅色光點，投射到白板、銀幕或其他對象物上，起指示作用。它光束集中，投射距離可達 100 米之遠，不阻擋視線，可以替代教鞭，讓使用者在會議廳移動的範圍大，靈活。

4.影碟機

用於放映光碟，取代錄影機。自身體積小，操作方便，所放的光碟小而薄，可壓縮進大量圖文、聲像資訊而且清晰、保真，製作成本也不貴，比錄影帶好攜帶。這種設備最適用於小會場或人數較少的場合。每 25—50 人應該設有一台電視，具體情況依電視螢幕的大小而定。

5.電視螢幕牆

電視螢幕牆成為一種新型的會議視聽設備，其高科技特點體現

在其圖像大且十分清晰，色彩鮮豔，聲音效果好，具有質感，而且由於科技的進步，製作水準不斷提高，電視螢幕牆由有縫變為無縫，體積超薄，重量減輕，外觀越來越優美，其功能也逐步增加，可連接電視、錄影機、攝像機、電腦、VCD 機等。與多媒體投影儀相比，電視幕牆放映的圖像巨大，適合大型會議，讓距離較遠的與會人員看得清楚，還能同步播放現場會議情況。

13 入口登記處的佈置要求

在會議團體到達時，會議登記處不只是與會者簽到取登記資料袋的地方，也是會議活動的中心。它控制進入會場的人員，為與會者提供有關資訊和解決與會者困難。

因此，會議登記處佈置在大廳或其他較寬敞的地方，便於會議登記者有次序地進入，而又不影響其他客人。會議登記處還可設在較易進入會議室的區域。在對會議登記處進行佈置時要注意以下要求：

· 指示標誌明顯。能引導與會者按程序進行登記。
· 登記處要有足夠的空間。這樣能夠便於客人從一個登記桌走到另一個登記桌。
· 登記桌應留有空間。這樣有利於與會者填寫表格。
· 有專職人員提供資訊，指導填寫表格。
· 要有諮詢服務人員回答與會者提出的問題。
· 如果是大型會議，應多設幾個登記桌，分組登記，可以減少

　登記時的擁擠。

· 提供同伴或家屬登記的地方。

· 提供會議登記用的筆和其他文具用品。

· 大型會議中還應提供休息室、新聞記者會議資料室。

　會議登記時，可由會議工作人員負責監督。他們可以迎接與會者並提供各種幫助。當與會者全部進入會場後，要迅速統計出席、列席和缺席人數，報告大會主持人。

14 會議的膳食後勤服務

　　會議的後勤服務管理工作是一項很重要而又很難做好的工作。服務的好壞對與會人員能否精力充沛、情緒飽滿地參加會議影響甚大。因此，必須抽調得力人員，組成會議後勤管理小組，專門負責會議後勤服務工作，要盡最大努力把會議後勤服務管理工作做好。

　　擬訂計劃時，還要瞭解會議的基本情況，如會議日期、會議規模、會議規格、會議日程(或議程)、參加人員及其他情況等。根據掌握的總體情況，制定出詳細的計劃和實施方案，報請上級審批。

　　計劃一經批准，就立即著手實施，各項準備工作基本完成後，負責人要主持進行一次詳細檢查，確認沒有問題以後，把準備情況向上級彙報，並將計劃印製成圖表，分發大會使用。

　1. 擬訂伙食預算

　　會議開始前，首先要核准參加會議的人數和會議天數。根據企業的有關規定和伙食標準，編制伙食經費預算。然後制定實物供應

計劃，報請財務部門審批，撥出會議專用經費。會議期間要抓緊伙食經費核算，以避免會議結算時出現收支不平衡的現象。

2.注意飲食搭配與烹調

參加會議的人員，有時來自不同的地區，各地的飲食習慣有很大的差異。因此，會議後勤管理工作人員，一定要搞好飲食搭配與烹調工作。

· 要瞭解參加會議的人員來自何方以及各地的飲食習慣，在此基礎上，做好實物的採購。

· 要制定出詳細的食譜，飯菜要力求多種多樣、精細烹調，體現出地方風味和特點，盡可能做到讓大多數人滿意。

· 會議如有少數民族成員參加，要照顧他們的風俗習慣和飲食特點，配備專人服務，設置專席，使他們吃好吃飽。

3.做好餐廳服務

會議人員就餐，必須仔細安排，嚴密組織，認真週到地做好餐廳服務工作。

· 餐廳要保證在人員就餐前把一切飯菜全部準備好，服務人員要提前把餐廳打掃乾淨。打開餐廳的門，並指定專人候在餐廳門前，引導就餐人員依次就座。

· 有不同飲食習慣的少數民族人員和患病人員及需特殊照顧人員的就餐桌，要離其他餐桌稍遠一點，或用屏風隔開。

· 每一桌安排的人數要固定，只要有一兩桌人坐齊，即可開餐。這樣做，既可減輕工作人員的勞動強度，又可避免就餐人員久等。

· 在與會人員就餐期間，要有幾個工作人員在餐廳中巡察，瞭解進餐情況，可隨時處理餐廳中的突發事件。

· 要在餐廳門口處放置毛巾、牙籤,供人們就餐結束後使用。

一、餐飲活動的形式

1.早餐

早餐選擇範圍很大。可以是正規的複雜早餐,也可以是自助早餐。品種多樣的自助早餐會讓人「各食所需」。

2.會場休息期間的茶歇

一般供應咖啡、茶或其他飲料,有時有食品,有時沒有。

3.午餐

午餐如何安排,主要看下午計畫做些什麼。一般來說,午餐不宜大吃大喝,以免影響下午的會議安排。

4.正式晚餐

晚餐食物的選擇可以不用太去顧及營養和健康,因為工作了一天,是該輕鬆歡宴了。

5.招待會

它可以作為正式餐宴的引子,也可以僅舉行招待會。招待會的目的決定招待會的食品選擇。

為將以上工作做好,應努力為與會者選擇健康型的、美味的、人們愛吃的配餐,以便會議期間的每一天,與會者們都感到精力飽滿,心情愉快。

組織者應根據參會人員的喜好,為其預定各種形式的餐會:西餐、中餐、自助餐、宴會等等;將根據參會人員的具體情況以及會場和下榻酒店的地點,為其推薦不同的用餐地點。

二、招待會

　　招待會上一般都供應飲料，是否提供食物要根據主辦者的意願和預算來決定，公司舉辦的小型會議可以每天晚上舉辦一次招待會，小型的贏利性公眾大會也是一樣。與會者越多，招待會的安排就越複雜。

　　招待會可以只為來賓提供一杯飲料，也可以讓來賓隨意享用飲料和小吃，地點可以選在一個會場中，也可以在會議地點中的幾個不同場地中同時舉行。

　　招待會通常在會議最後一天的傍晚或晚上舉行，可能在其前後還有其他的會議活動（晚餐、宴會、娛樂活動），或作為當晚的惟一活動。由於招待會的多種可能性，會議方面應該事先做好週密的安排，並將相關信息充分傳達給與會者。

　　招待會與其他會議活動之間的關係可以從招待會的形式、飲料和食品的供應，以及招待會的時間等方面體現出來。如果招待會被安排在晚上 6 點到 8 點舉行，會議承辦者可能要為招待會準備比一般情況下更多的食物，除非招待會過後還安排了宴會。如果招待會是緊隨著宴會之後舉行的，承辦者就應該少準備一些食物，而多提供飲料。

　　招待會上並不是必須提供小吃，但是與會者總是希望能有些那怕是土豆片或脆餅乾之類的東西。在準備小吃的時候要考慮到很多因素，而費用則是其中最關鍵的一個。如果會議承辦者在資金方面沒有任何問題，那麼招待會籌備起來就比較容易了。

　　有些會議地點可以為會議提供全套的招待會服務。雙方在就此

事進行協商時必須確定招待會使用那種形式的酒吧，提供給每個與會者的小吃量，會場裝飾，以及其他一些問題。招待會的長度和參與的大致人數也應該確定下來。這樣一來，會議承辦者就不必檢查每一個細節了。

三、宴會

宴會與晚餐有幾點不同：宴會更加正式；宴會的食物更加豐盛；宴會的菜單更多樣；宴會通常還安排了一些節目。

1. 宴會是否需要特殊的裝飾

特殊的裝飾可以使普通的晚餐變成一次歡樂的宴會。宴會上肯定要懸掛有關主辦者的條幅和其他裝飾品。餐桌裝飾可以根據宴會或會議的主題設計，也可以作為獎品贈送給每個餐桌上的某個人，如旅行最遠距離來參加會議的與會者，或者在過去 5 年中參加會議次數最多的人。

宴會廳的裝飾也可以與季節及節日相配。會議承辦者應該與會議地點工作人員一起合作，因為他們在這方面有豐富的經驗。

2. 誰在負責宴會的程序

宴會程序中應該有一些項目反映宴會和會議的目的。宴會開始時可以發佈簡短的致辭或對在場的所有人表示歡迎。此後，可以由主辦者對會議進行評價，其中包括對宴會程序的必要介紹，如舞會、發言等。

在用餐結束後，如果需要發佈任何聲明，都應該儘量簡短，因為過多或無關的聲明會破壞宴會的氣氛。可以用祝福作為就餐結束的標誌。接下來，宴會的節目就可以開始了，如發言、視聽演說、

表彰、娛樂活動或舞會。

3.宴會上是否要安排音樂演出

樂師的用途不僅限於舞會。他們還可以在人們進入宴會廳的時候演奏，以設定宴會的氣氛。他們也可以為宴會演奏國歌。當介紹在主餐桌就座的人或其他知名人士的時候，也可以用適當的音樂來伴奏，不過相關的安排應該與承辦者取得共識，以免造成尷尬。舞會和上菜的間隙也可以奏樂。最後，在宴會結束，眾人退場的時候，也可以用音樂烘托出歡樂的氣氛。

如果會議的預算無法支付現場音樂表演，可以考慮精心安排播放一些錄音。

15 大型會議的賓客接送服務

分屬不同地點的與會者參會，會議主辦者的接送服務工作也是不可忽視的。接送服務做得好，可以讓與會人員心情愉快地投入會議之中，從而使會議的過程順利、高效、圓滿。

一、往來接送服務

往來接送服務是指在會議涉及的各個地點之間的運輸服務，其中也包括機場。如果所有的與會者都在同一個地方住宿，而且所有的會議活動也在這裏舉行，顯然就不需要提供往來接送服務了；但是如果會議涉及不止一個酒店或會議地點，那麼根據各個地點之間

的距離和當時的天氣，會議方面有可能需要提供往來接送服務。

1.是否要與運輸公司簽約，提供往來接送服務

如果會議地點和酒店位於正常的公交線路上，有些城市的政府可以為會議提供免費公交服務。在有的情況下，這可能意味著會議地點和酒店就在公交線路旁邊，或者只是告訴與會者乘那些公交車可以到達會議地點。

會議承辦者如果考慮使用當地公交車的話，就應該事先考察公交線路和車次與會議地點及酒店之間的關係。大多數當地公交公司可以提供對與會者很有幫助的地圖，其中提示了車票價格、車次，以及是否需要特殊標記等信息。

2.往來接送服務的站點和線路如何決定

會議承辦者和簽約運輸公司都應該考慮在那裏讓與會者上下車，並在這個問題上相互協商。例如，太多的上車地點可能消耗的成本太多，雙方需要一起找到比較折中的辦法。

線路也是一個需要協商的問題，因為這要部分地涉及到與會者將主要集中在那些酒店或區域。備用路線、路程長度和成本等也都是需要考慮的因素，對選擇出最好的方案十分重要。

3.車輛是否可以攜帶特殊標誌

車輛至少應該明顯地標識出線路編號，或者更明確地標出開往那一個酒店，而不應該讓與會者自己去尋找應該上那一輛車。此外，會議承辦者應該看看是否有可能在車輛上做一些能夠引起人們對會議或主辦者的注意的標誌。該問題應該在會議開始之前很久就同簽約運輸公司協商，因為這樣做可能需要得到政府許可。在車上攜帶這些標誌所需的成本也許可以不算入會議預算。私營運輸公司可能也會自己負擔一部分此項費用，因為這些標誌可以作為該公司提供

這類往來接送服務的廣告宣傳。

4. 是否需要特殊車輛

如果會議邀請了許多貴賓參加，那麼除了普通巴士之外，會議還可能需要一些豪華汽車或專用轎車。

與會者可能對雙層巴士比較感興趣，這些車輛可以使往來於酒店和會議中心之間的枯燥路程多一些樂趣。

二、會議報到：第一印象很重要

迎接與會人員、現場運作、安排工作人員和良好的交通安排是會議報到和現場管理順利進行的組成部分。第一印象很重要。現場報到是大家露面的時候，前來露面的與會人員、展覽者、演說人和主辦者都有他們自己的日程。每個人都是有備而來，每個人都應該得到最熱情週到的服務。

歡迎與會者並幫助他們進行報到是會議殷勤待客的重要表現。

現場的後勤工作主要有以下幾個方面：

1. 報到小組

被選派的現場報到工作的人員應該是經過培訓並熟悉後勤和報到工作的方方面面。每位工作人員都應有該建築內所有與會議有關的場所的方點陣圖。關鍵人員在整個會議期間還應配有通訊工具以便及時溝通情況和隨時到位。書面的工作指示和行為規範也是不可少的。必須讓現場工作人員清楚以下幾件事：

會議活動的日程表；

各種活動次數；

工作人員的分配；

一些必需場所的位置(商務中心、洗衣房、大堂洗手間等)

2.報到人員的分配

分配的報到人員要充足,如有需要,可指定後備人員;

選擇合適性格的人員作為接待員。外向、愉快和樂於助人是必需的性格;

一定要選派一名調停人。擅於做出圓通決定的人最能使生氣的一方平靜下來並使雙方對調停感到滿意;

對於大型會議的大批工作人員,要提供一個專門的會務人員休息室;

報到地點一定備有充足的會議介紹、地圖和相關資料用來發放;

發給每個工作人員一張急救電話號碼表。應包含主要航空公司、計程車公司和會議有關方的電話號碼;報到處要始終有一位工作人員,負責傳信聯絡。

3.指示牌

與會者在酒店迷了路是最令人沮喪和懊惱的事情。所以必須準備足夠的指示牌,把他們擺放在需要的地方,以保證與會者能毫不費力地找到想去的地方。

三、會後返回

會議的結束與會議地點和酒店週圍的交通情況有什麼聯繫?

巧妙的會議策劃可以避免會議結束和當地交通之間的矛盾。通常情況下,酒店退房時間不會與交通時間發生衝突,因為大多數酒店的最晚退房時間都在中午 12 點到下午 3 點之間。在這個時候去機場很少會遇到交通問題,不過也不能排除有些城市的特例。

　　會議方面必須對當地的交通狀況有充分的瞭解，不要在離開時出現問題而使本來成功的會議功虧一簣。就實際而言，許多與會者都會對會議結束部分留下很長時間的印象。如果會議將結尾和與會者的離去安排得井井有條，將使與會者對會議留下很好的印象。

1. 是否能安排集體運送與會者到機場

　　在大型會議結束後，與會者通常自行安排接下來的事務，如果交通便利的話，這樣做不會產生什麼問題。但是，如果大量與會者需要同時離開，若交通不便，結果可能導致不必要的混亂。會議方面應該提醒與會者，通常酒店的看門人可以為他們安排計程車。

2. 是否需要安排搭車

　　雖然這項工作似乎給會議承辦者增添了額外的負擔，但是這可以在所有牽涉其中的人之間建立起心理上的聯繫，從而為會議吸引更多的與會者。搭車可以減少與會者的交通費用，充分利用有限的停車場地，同時減少會議地點附近的交通問題。

　　如果與會者相互搭車離開，最好安排一些吸引人的活動，使他們等到招待會結束之後再出發。由於這個時候停車場有很多空間，這也是吸引他們留下的一個因素。不過，如果招待會上供應酒精飲料的話，應該提醒將要開車的與會者控制飲酒量，並為他們提供其他飲料。

16 工作再確認，確保穩妥有序

　　會議服務是會議召開期非常重要的工作。可以說，沒有完善週到的會議服務，會議就難以順利召開和圓滿結束。那麼，會議期間都應提供那些會議服務呢？下面按時間先後分別予以論述。

一、會議前一天

1.檢查住宿

　　在與會人員入住前，主辦方需要派專人與酒店聯繫檢查住宿情況。

　　a.打電話與酒店方約定專人到達時間，請酒店給出負責此事的負責人的姓名。

　　b.要有專人準時到達酒店與負責人接洽。

　　c.由負責人帶領到前臺領取房卡，涉及房間清潔整理的問題，一般房卡的準備需要時間。

　　d.拿到房卡後要親自檢查每張房卡是否都能正確使用，有時房卡會有問題，這時需要到前臺換卡。

　　e.拿到房卡的同時還要向酒店索取與會人員入住酒店的房間安排的名單，安排入住時以名單為準。

　　f.辦理住宿時還需要交給店方所有入住的與會人員的身份證複印件。一般情況需要與會者提前將複印件寄到主辦方或以傳真的方式發到主辦方。如果複印件在此前沒有拿到，可以在與會人員報到

時收取。與酒店商量稍後再給，對入住不會造成困難。

　　g.檢查住宿還有一項重要的工作就是檢查酒店是否需使用取水牌。如果需要，取水牌上一定要註明會務組所在的房間號。

　　h.等到所有人都入住後，要打電話確認是否有人需要幫助，同時留下會務組所在房間的電話和相關負責人的電話，保證有專人及時負責解答與會人員的問題。

2.就主持人日程開始工作

　　主持人日程是指會議議程在時間上的具體安排。主持人日程往往是與會議日程同步的。主持人日程多採用表格式，將會議議程分別固定在會議期間每天上午、下午、晚上的三個單元裏，使與會者可一目了然地看清日程安排，以便按統一規定參加會議的活動。因此，擬訂主持人會議日程要明確、具體、準確無誤。

3.準備名牌

　　拿到已確定的與會人員名單後，開始製作名牌。

　　放置名牌要做到：會前放，會後收。會議的名牌，通常為中英文雙語設計，且正反兩面所備註內容完全相同。

　　會議名牌的提供者，在會議前一定要進行確認，明確是由會議的承辦場所統一安排，還是由召開會議這一方自行安排。

4.檢查供所有人員使用的文具、文件等是否齊備

　　鉛筆須事先削好，並統一擺放於與會者坐位的右上方，最少每人發放兩支，以備交替使用。

　　準備紙張時須注意，請示主管，問清是否在會議用紙上，事先加上該會議的會標。一般中型及中型以上級會議，其所用紙張，需印有該次會議的會標，以便於會後資料的查找，並且，有利於明確此次會議的重要性。

紙張的擺放因其需要而定，雖然沒有固定的擺放位置，但是，就會場整體而言，會議所用紙張必須統一擺放，且其規格質地也必須一致。

會議相關資料，如：會議記錄、會議日程、論文備份等，也應提前印好、分類。可以按會前需發的、會中需發的和會後需發的分類。大型會議還應設立文件諮詢小組，並向該小組配備數份會議文件，以備會議之中與會人員索取。

二、開會當天

1.檢查房間準備、設備檢查工作

主要包括檢查各個房間的設備是否夠用，佈置是否合適；檢查各種文件材料的準備情況；檢查食宿是否安排妥當；是否有足夠的停車位等等。

預定會議所需要的各個房間是一項很重要的工作。房間是組織一次會議(除電話會議和網路會議以外)必備的硬體設施，假如沒有會議室就沒有辦法開會。會議所需的房間主要有接待處、會議室、休息室和住宿的地方等等。

2.接待處的工作

首先我們來說一下接待處應怎樣佈置和需要準備的東西：

在進門處可以一眼看到的地方放置一個公司的標誌或是表明本次會議主題的旗幟，再放幾個花籃。公司的標誌要做得精緻一點，要能夠體現出公司的特色及精神。

設一個或幾個登記台，以便與會人員簽到。

準備好在客人登記後分發的一份配套的材料。這套材料主要包

括出席者名單(公司名稱和電話)、一覽表(發言人姓名，簡短的介紹)、姓名徽章、緊急事故說明，附近優良餐廳的名單、優良購物區名單、附近交通路線圖等。會議組織者可以根據不同的會議要求增加或刪減。

接待處有一個重要作用就是報到與簽到。會議簽到的目的，是為了統計到會人數，同時也能夠有效地保證會議的安全。簽到工作是準確統計到會人數的重要手段，做好簽到工作有利於今後證實與會情況和聯繫工作。此外，有些會議不一定簽到，僅憑會議通知、出席證、列席證或入場券便可進入會場。有的小型內部會議，由於與會者都是秘書所熟悉的人員，也可由秘書在事先準備的名單上採取來一位，勾去一位的方式。秘書人員在會議召開前應準備好簽到所需的用品。

3.會議物品準備和檢查

在檢查會議的物品時秘書人員應制訂一個週密的方案或者列一個用品準備清單，將所需物品的名稱及數量詳細列出，以免在檢查的過程中有所遺漏。檢查的主要內容有：音響效果如何？燈光控制如何？有沒有毗鄰的房間或者室外的干擾？通風情況良好嗎？溫度可以調控嗎？安全通道以及安全設施是否正常？核對會議所需的文件和物品的數量等等。而且在檢查時一定要認真仔細，以保證會議的順利進行。

4.休息室的安排

對於時間較長的會議，還應該為與會者準備一間休息室，使與會者在會議中休息時間可以有地方放鬆一下。因此休息室可以放置一些供與會者娛樂的設施和物品。

應設多部電話，方便與會者和他人聯繫。還要準備留言條和筆，

在房間的角落裏放置傳真機、電腦等設施。

此外，還應提供以下物品：

a. 提供報紙、雜誌等；

b. 準備飲料和點心；

c. 準備急救箱和阿司匹林、胃藥等藥品。

心得欄

- -

- -

- -

- -

- -

- -

第 八 章

合理安排議程

1 會議計劃的流程

在會議舉行之前,一般都要對將要舉辦的會議做一個計劃,並在會議舉辦時依照計劃,按部就班地實施。因此,會議計劃的制定對會議的成功舉辦是十分重要的。

1.確定會議的形式

在弄清了會議的議題或會議要解決什麼問題、達到什麼目的而決定開會之後,就需要確定會議的形式了。只有確定了會議的召開形式,才能確定會議的規模、會議的時間和會期、會址、具體的開會方式等。

2.確定會議的規模

確定會議規模主要是控制會議出席人員、列席人員、工作人員和服務人員的數量。

・限定會議出席人員,是為了避免與會議議題無關的人員或對

會議起消極作用的人員到會。但對於法定與會人,就要按照特定的法律、法規、組織章程或會議規則賦予與會人的與會權利。

· 會議人數必須以法定與會人為依據,要堅持能少則少的原則。對於各種形式的專題會議或工作會議的參加人數,由會議的組織者根據實際情況自行掌握,嚴格控制。

· 特邀嘉賓、列席人員和其他來賓的人數不可過多,以避免喧賓奪主和使會議負擔過重。

· 對會議工作人員和服務人員的限定,應參照會議等級的標準來執行,不得超員,以避免加重會議負擔。

3.確定會議的時間和會期

會議時間是會議從正式開始至結束的時間長度。會期既包括會議實際進行的時間,也包括在會議進行過程中的休會時間。會議時間通常根據與會人員的工作情形、時機確定。

4.確定會址

會議地址的選擇要結合與會人員的人數及會議效果來考慮,以方便與會者到會、離會為主要原則。一般應考慮的因素有:會場大小;會場地點;會場附屬設施等。

2 選好議題，針對目標而開會

　　會議討論的問題、決策的對象，就是議題。在開會之前，首先要問的是：「要達成的目標是什麼？」這個問題可以分幾種角度來探討──「如果本會不開，可能會導致什麼效果？」「會議開完，如何判斷它成功或失敗？」──除非會議之前有個明確的目標，否則胡亂開一場會，只會白白浪費每個會員的時間而已。

　　一般說來，議程上的每項議案都脫離不了下述四種範疇。有些議案甚至於可以區分成好幾部分，分別劃歸於好幾種範疇。這些範疇分別是：

　　第一，告知性的。如果有事宣佈，只消一本公文簿傳閱即可的，就不必開會，否則就是浪費時間。但是如果這件事必須由某位特別的人物宣佈，或是需要特別解釋或評論，或與會員有深切關係者，最好能列入議程。會中既不需達成結論，亦不需採取行動，會議中需接受報告，加以討論就行了。所謂「告知性的功能」就是包括接受和討論報告，使與會的每位成員隨時知道自己所擔負的工作現況，並且檢討已完成的方案，好讓每位成員獲致共同的評斷，作為將來參考的資料。

　　第二，建設性的。有些會議專以討論做什麼為主題，這種會議就需要有新的創意，譬如商研一個新策略、新的銷售目標、新的產品、新的市場計畫、新步驟等等，全部屬於這個範疇。這種策劃除非每個有關部門的人員都參與，並且努力貢獻力量，否則就會失之不當。

第三，執行性的。決定好做什麼之後，接下來的問題是：「怎麼做？」這時候那些人該做什麼，就得在會議桌上分配清楚。在屬於建設性範疇的會議裏，與會人員最大的貢獻是提供知識及見解；在屬於執行性範疇的會議裏，與會人員最大的貢獻是擔負執行的責任。由於他們的貢獻與他們本身及下屬都有極密切的關係，因此這種貢獻顯得格外有意義。

第四，立法性的。通常會議體制比前述幾種功能來得重要，這種體制包括一些法規、慣例及議程，所有大大小小的活動都得按照這種體制進行。如果改變這種體制而徑直引用新的組織或章程，有些委員就可能會覺得自己的地位受到挑戰而惴惴不安。但是如果永遠不改，它又無法適應時代的變遷。因此會議的體制在何時應做何等程度的修訂，一定要得到有關部門的主管全力支持才行。

1.選擇和整理會議論題

這是會前重要的籌備工作，也是會議與活動的準備過程中面談與電話會談所要完成的主要任務。

(1)對議題的搜集與篩選

會議組織者平時就應對本地區、本部門、本單位的情況有較全面的瞭解。在確定召開會議之後，就要有針對性地搜集一段時間以來各方面的事務和工作的進展情況，例如有那些成績、經驗？出現了那些問題？那些問題有相當的普遍性？那些問題急需研究解決？這樣，通過廣泛、深入、細緻的瞭解，就可以對這些問題進行排隊，從中列出最需交付會議討論的議題，供主管參考和決定。

在搜集，篩選議題的時候，還要熟悉上級的部署、指示、決定。把上級的精神同本單位的實際情況緊密地結合起來，選擇一些比較成熟的議題交由主管審定。此外，會議組織部門或文秘人員還應注

意搜集基層的意見、建議和反映的問題，將這些意見、建議和問題作為議題匯總排隊，交由主管審定。

(2)對預選議題的加工和調整。

a. 撤題。即對各部門、各單位報送的議題進行認真審閱，把那些不能或不必拿到本級或本次會議研究的議題撤去。這類議題包括不符合上級部門或本級主管部門政策精神的議題，以及分管領導職責範圍內可以決定的問題。其中如果是涉及分管主管職責範圍內十分重大的問題或十分重大的決策，必須由主管集體研究決定的，仍應作為議題提交會議討論。

b. 轉題。即把那些不屬於本級主管和本部門研究的問題，轉給相關的部門去處理。

c. 緩題。即對那些材料準備不足或情況複雜一時難以搞清楚，需要充實情況的議題，採取「暫緩」的辦法，要求職能部門或有關單位進行補充後下一次再議。所報議題要有情況分析和解決問題的措施，才能提交會議研究。

d. 協調。即當議題內容涉及諸多部門和單位時，應先協調後再開會。會前做好這項工作，可以避免會上扯皮。議題協調工作可以分三個層次進行：

第一，凡準備讓會議討論的議題，一律請主辦部門主動與有關部門先行協調會商，使各方意見趨於一致。未經協調的，一律不安排討論。

第二，有些問題，部門之間協調不了的，請有關主管批交有關部門負責人協調。

第三，對一些比較複雜或意見分歧較大的問題，建議分管主管負責協調。協調意見基本一致的，提請辦公會討論、拍板；意見仍

不一致的，由負責協調的人員提出傾向性意見，供會議主管決策時參考。

　　e.深化議題。即從主管的角度出發，把握全局，把看似簡單，其實關係重大的議題進一步深化。

2.安排議題的注意事項
(1)把好議題關

　　對各部門、各單位提請審議的問題，辦公廳（室）或文秘人員要協助主管從兩個方面把好關。一看這個問題應不應該作為議題安排在會上討論。對於不應該列入議程的問題，應建議採取其他方法處理。二看這個議題提交審議的準備工作做得怎樣，是否具備在會上審議的條件。若不具備，就不要拿到本次會上來審議。

(2)議題的安排要適量

　　安排議題，要做到既有利於與會人員充分發表意見，又有利於充分利用時間。因此，一次會議的議題要適量，既要注意安排好一兩個重點議題，又要提高會議效率，把能合併研究的議題合併研究，這次會議能解決的問題不要拖到下次會議解決。

(3)加強會議的計劃性

　　加強會議的計劃性，是開好會議的重要保證。例會的議題最好在一定時間內統籌安排好，列出計畫，早做準備。另外，還要根據實際情況的需要，隨時修改補充計畫，做好安排並滾動執行。

(4)準備好參考資料

　　一個決策的形成，往往需要各個方面的材料來印證。例如有關的政策和法律依據，其他地區、部門、單位對該問題的決議、決定以及有關的背景材料等等，都需要在會前做好準備。對於篇幅較長或專業性較強的文件資料，還應作內容摘要和必要的說明，以便與

會人員閱讀參考。

(5)提出決策的多個方案

對待重大問題的決策，應堅持多方案原則，至少需要提出三個決策方案，以供討論決策時選擇。對待重大問題，從主管的角度來說，一定要堅持如果沒有多個決策方案就不予研究討論的原則。不臨時插入沒有列入計畫的重大的決策問題，這是保證決策科學、正確的重要措施。如果對重大問題草草進行討論、決策，那麼在實施過程中肯定會遇到問題，甚至會給事業和工作帶來重大影響。

3 會議的議程

當會議的議題和形式確定了以後，下一步需要做的就是設計會議的議程，也就是對會議的議題討論做出具體安排。

會議的議程如同軌道，可以令會議在預定的方向上有步驟、有計劃地進行，所以會議的議程內容十分重要。一般來說，會議的議程是有一定模式的，大多數的會議議程都需要包括以下幾個方面：

1.主席的開場白

主席的開場白一般是會議開始後首先需要進行的部分。開場白的內容包括：必要的與會者介紹，此次會議所要解決的問題，問題的有關背景，此次會議的目標等各方面的內容，甚至有時還要透露出主席或召集者的態度。開場白的內容範圍由會議召集者來恰當把握，但具體內容應由主席本人來控制。

2.介紹基本情況

在主席的開場白中提出問題後，應設計由幾位與會者介紹他們對這個問題所掌握的情況，這樣可以令其他與會者對這個問題有一個初步的概念，並且可以以這些基本的情況為出發點進行思考，為之後的討論做鋪墊。

這裏需要注意的是：第一，情況介紹者應是提前指定並對問題有了一定研究的人，他們介紹的情況應當是可靠的；第二，情況介紹者的發言應簡練扼要，重點突出，不需要介紹更多細節方面的問題。因為即使介紹了，其他與會者也不一定能記得下來，如果有人對細節感興趣，可以在討論階段再詳細詢問。

3.自由發言，討論問題

在介紹了基本情況後，就可以進入自由發言的討論階段了。雖然是自由發言，但實際上仍應提前擬訂一個大致的順序，這個順序可以讓一些思考反應較快、性格外向的與會者首先發言，再讓一些思考時間較長、較深入的與會者接著發言，這樣可以避免出現無人發言的尷尬場面，並且可以使整個討論逐步深入，把大家的思維充分調動起來。

在差不多每個人都表明了自己的觀點之後，會議的討論就該進入更激烈的階段了，這時可能與會者極容易分為幾派，並且有些與會者會彼此針鋒相對，雖然場面可能會有些混亂，但這時正是問題討論最深入的時候，可以令所有的矛盾都自行充分暴露出來，為後面作出的決議做準備。

4.整合意見，得出結論

在充分的討論之後，就需要逐步地進行意見整合，找到共同點，在分歧上相互妥協。這時候，主席就應處在主導地位，他的任務主

要是，促成與會者們的意見相互融合，達成一致，最後以一定的形式表述出來，提交上級或傳達下級。

5. 會議結束

會議達成決議後，還沒有正式結束，會議主席或召集者一般都需要對會後的工作進行簡單的安排，或明確地向與會者佈置任務。

4 擬定會議議程

顧名思義，議程即是會議的程序表。議程所涵蓋的除了足以實現會議目標的各種議案之外，還包括與會者姓名、會議時間以及會議地點等項目。

一、編排會議議程的原則

會議工作人員在編排議程的時候，最好能遵守以下兩個原則：

1. 按照議案的輕重緩急編排處理的先後次序。這就是說，越緊要的事項越應排在議程的前端處理，越不緊要的事項則越應排在議程的後端處理。這樣做的一個好處便是：就算在預定的會議時間內無法將全部方案處理完畢，但起碼較緊要的方案已被處理過。那些較不緊要的議案，則可另擇時間處理，或是併入下次會議中再予處理。

2. 每一個議案應預估所需的處理時間並明白地標示出來，假如能這樣做，則可以讓某些人只參與和他們有關的某些特定議案的討

論。這就是說，假如議程中明示幾點幾分到幾點幾分被分配於探討某一議案，則可以特意安排某些人晚一些到(即令某些人在涉及他們的議案被討論之前幾分鐘才進入會場)，也可以特意讓某些人早點離場(即令某些人在涉及他們的議案被討論過之後離開會場)。這樣做，顯然可以節省與會者的時間。不過，會場的秩序將不免受到干擾。因此，在制定議程時只能有限度地容許遲到或早退。

二、嚴格按照設定的議程進行

確定了會議的議程，並不代表著會議就一定能如期望中的進行。若想令會議嚴格按照設定的議程標準進行，還必須注意議程設計上的細節。除了會議議程的內容以外，在設計時還應當注意：

1.設計緊密

有時會議在進行中可能會出現離題的情況，這有可能是由會議議程設計不緊密的原因造成的。會議議程的每個部分應當是環環相扣，緊密相聯的。在您的會議議程的內容設定好之後，不妨先對其各個部分仔細檢查一下，看看是否有思路的跳躍，或有與主題無關的內容。即使是一些與主題有一定聯繫但並不緊密的內容，也應儘量刪掉。如果確實需要討論的內容，就儘量安排在主要的議程結束後再進行，以保證主要的議程能按序進行。

2.提前通知與會者

將議程提前通知與會者可以與會者及早理解議程安排，並在會議進行時遵守議程。這裏，分發給與會者的議程表應當是條理明確、形式一致的。但是內容可以是經過刪減的，這樣可以讓會議主席和召集者更容易控制會議的進程，靈活性更大一些。

3.固定模式

這對於有規律議事會議來說是很適合的，固定的議程模式有利於與會者把握會議的議題和明確各自的分工，並可以幫助會議嚴格按照議程進行。設計固定模式的議程，需要對常規議事會議的內容和參加人員非常熟悉，瞭解每個參與者在會上應「扮演」的角色。設計時還應注意會議內容的順序，並根據實際情況變化的需要而及時進行修改。

現在一些大型的、持續時間較長的重要會議，會議議程中，主席的開場白結束之後，緊接著就是對會議議程草案的討論。例如，聯合國大會的議程就是這樣設計的。

4.對可能發生的情況有所準備

即使有設計週密的議程，會議中仍然充滿了事先不能確定的因素。有時，會議中間一個意想不到的突發事件有可能導致整個議程的作廢。所以，應當對會議中有可能突然發生的情況提前做出準備，並在議程中也有所記錄。

突發情況有很多種，一種是可以預見到的，如對一些問題的選擇性作答：「我們到底收購還是不收購翠貝克公司？」，「是否同意週先生擔任銷售經理」等各種作答，回答必然是兩種答案之一，對於這兩種答案，應事先在議程中都應當有所準備。對於可預見到的情況，即使是「可能」，也要制定相應措施，不至於到時候出垸失控或混亂局面。

還有一種突發情況是不可預見的，例如兩個平時關係很好的經理突然反目成仇，相互激烈指責，或是本來一直較忠實的客戶卻突然取消了大額定單。應對這樣的突發事情，在每個會議之前都面面俱到地設計應對方案是不現實的。可以採取的方法是針對各種類型

的突發事件有一個解決的大體範圍，或是解決步驟。例如，會上突發的人事問題，應當先穩定會場局勢，再儘量使事情拖到會後解決，或是在會上最大限度地引導與會者的注意力到別的問題上等。

好的議程設計如果僅僅有合適的內容是絕對不夠的，還需要在形式上以及其他細節方面進行全面琢磨，只有這樣才可以保證會議能按照預定的程序進行。

三、編排會議議程應注意的要點

1. 有些主管在主持會議時並不準備議程，這是一種很壞的習慣。議程不僅能夠規範會議的內容，而且也足以約束溝通的次序與溝通的節奏。一旦會議欠缺議程，則會議的內容勢必不確定，溝通的次序勢必雜亂，溝通的節奏勢必太快或太慢。換句話說，欠缺議程的會議是注定不具實效的。為了改變這種不良習慣，每一個機構都應考慮採取政策性聲明，嚴格要求擬妥議程之後才准許開會。

2. 為讓與會者對會議及早做準備，包括心理準備及物質準備，議程應隨會議通知事先發給與會者。

3. 雖然並非所有會議都需要正式的議程，但是與會者至少應當事前有所瞭解，以便做好準備。議事日程是受到尊重還是被忽視，這與管理部門對它的利用程度是成正比的。

4. 書面議程的另一個重要好處：會議主持者將集會的目標寫成書面的議程，有助於會議目標的具體化。這樣，議程就能使會議按照既定軌道進行，讓主持人能集中他的精力去處理參加會議人員彼此之間的相互影響。

5 合理安排議程，達到預定目標

　　議程，是會議所要通過文件、解決問題的概略安排。用簡練文字逐項寫出即可。日程，是在一般時間內會議進行的具體安排，一般採用簡短文字或表格方式，將會議期間每天上午、下午及晚上的活動列出即可，如有說明，附於表後。程序，是一次會議按照時間先後或依次安排的工作步驟。程序可繁可簡，可粗可細。議程、日程應當事先發給與會人員。程序只供主管主持會議時參考，不發給其他人。顧名思義，議程即是會議的程序表，它包括會議所涵蓋的主題、規則、時間安排、會議的角色安排等。無論何時，只要可能，一份議程應該在會議召開之前準備好，如果來不及準備，在會議開始之前花幾分鐘來建立議程。議程可以幫助主持者避免會議中的一些漫談而從容地把大家帶回到議程所列的諸項目中。

　　會議的議程是會議最為重要的文件之一，議程本身就會使與會者很好地理解會議的目的。他們也可以提前查詢相關的事實和資料。在議程中各項議題上加註「信息」、「討論」、「決策」的小標題。以便使參加會議的人知道他們努力要實現的每個議題的目的是什麼。

　　有些主管在主持會議時並不準備議程，這是一種很壞的習慣。議程不僅能夠規範會議的內容，而且也足以約束溝通的次序與交通的節奏。一旦會議欠缺議程，則會議的內容勢必不確定，溝通的次序勢必雜亂，溝通的節奏勢必太快或太慢。換句話說，欠缺議程的會議是註定不具實效的。為了改變這種不良的習慣，每一個機構都

應考慮採取政策性聲明，嚴格要求擬妥議程之後才准許開會。

一、常見的會議議程確定原則

　　會議的議程應當表明需要討論的業務事項的順序。合適的話，可以從發言人那裏得到這些議題。對議題的安排應認真考慮，以保證最好的邏輯順序。議程計畫的另一個特徵是正確評價在有限的時間內可達到什麼目標的能力。議程的安排，作為一般原則可作以下考慮：

　　1. 例行公事的項目放在會議議程開始，然後再安排商務中的新問題。

　　2. 當議程中包括一些比較簡短或緊急的項目時，先安排它們，餘下的會議時間專注於比較費時的事項。

　　一個錯誤的做法是把上次會議的主要事項歸納到「出現問題」的項目內。這些內容不宜歸入某個項目中，而應放在議程中突出位置。

　　這能夠使主持人和與會者對已經完成的工作有一個更切合實際的印象。

　　不要企圖將議程排得太緊，否則會造成會議超時，甚至降低會議的效率（例如倉促決策），因為到該結束的時間，與會者已經準備離開會議，而沒有心思考慮更多的問題及合適的解決方案。

二、會議議程的主要步驟

　　會議議程的確定指的是會議的實質性進程管理以及用以確保會

議有效的手段方法。最常見的會議主要議程可以分為七個步驟：

第一步：回顧

　　會議開始時，要回顧議程和準備完成的任務以及前次會議以來所取得的進步。這有助於與會者確切地知道期望是什麼，並鼓勵他們集中心思於手上的任務，它也使得在會議中時間控制更容易一些。

第二步：介紹

　　與會者應該被相互介紹，以使得在一起感到舒暢，特別是當考慮爭議性較大的話題時更為必要。

第三步：制訂規則

　　應明確那些和多少參加者在預期之中，議程允許那些變動，時間框架是怎麼樣的等等。在會議開始時為其構建框架有助於會議按軌道運行。另外，決策制定模式也應確定下來。比如，是與會者一致同意才能達成結論，還是按少數服從多數原則，還是每人一票制。在有多種方法可供決策和達成最終方案之用時，會議應該決定取捨。這些方法包括：

　　①多數原則。每位與會者對備選方案投票，得票多的方案勝出。

　　②最高票數。當有兩個以上方案可供考慮，而無任何一個可得多數票，則得票最多的方案被採納。

　　③試驗投票。採用無完全約束力投票來獲取與會者對不同方案的直觀態度，這種投票可能在達成決議前要進行多次，以便剔除那些不受支持的方案。

　　④賦值。與會者可將 100 分分攤給不同的方案，這樣他們對方案的支持度更加具有可衡量性。比如，如果有四個備選方案，某與會者可給其中一個打 90 分，另兩個各打 5 分，餘下一個打 0 分，總得分最高的方案就勝出。

⑤排序。方案按序排列，最高平均優先順序的方案被採納。

⑥一致同意。所有與會者必須一致同意才能採用某一特定方案。

⑦原則同意。雖然不能就所有細節問題達成一致意見，但某些確定的一般原則可以被認同，因此，在這種情況下，是原則而不是全部建議被接受。

第四步：報告

在會議的前階段，由預先指定的報告人作報告。這有助於保持對任務的責任感，減少報告者的憂慮，確保報告不會被拖到會議末尾。

第五步：演示

為保持與會者的興趣，應該用多種媒體展示信息，如手冊、投影儀、幻燈片、圖表、錄影、黑板圖解等，都有助於保持與會者興趣和提高信息展示的效率。一般而言，與會者應該能夠在會議上動用至少兩種知覺形式，如看和聽。

第六步：參與

與會者皆平等參與會議，但這並不意味著人人都必須作相同數量的發言。擁有較多信息的人以及對某一話題有特別興趣的人可以多參與。同時要有意識地鼓勵那些有見地但不願示人的成員參與更多的討論。

第七步：總結

結束會議時，要總結所達成的決議、分派的任務、所取得的成績、討論的主要觀點以及從該次會議中學到了什麼。審核要在下次會議報告的行動項目；要使與會人員感受到花時間參加會議是有成就感的。這時也是對下次會議提出預期的大好時機，明確會議記錄和下次會議的議程何時下發以及該如何籌備等問題。

三、議程準備和支持文件

會議議程的準備應包括以下幾個方面：

① 以次序排列出議程；

② 對歷史項目的討論準備支援性文件；

③ 準備好具體議題；

④ 確定好下次會議的時間、地點等。

議程中的每個項目應用數位排出先後次序。如果出於某種原因需要更改項目次序或者取消某個項目，應該在會議開始時由主持人說明理由，這是十分重要的，因為可能有的成員對這些項目有興趣，如果這些項目被取消，或者推遲，他們會感到不滿。

如果會議要繼續上次會議的項目，可以繼續引用上次會議的日期和備忘錄編碼，這種縱向參考的作用在於幫助弄清楚該項目的歷史背景，從而可能避免錯誤決策。這種方法對於那些不瞭解以前情況的新成員也很有幫助。另一種方法是將過去的項目背景作為參考資料——支持性文件，附在相關項目後面，或者列一簡短的清單放在議程後面。

在準備會議的議題時，要以開放、公正的方式精心策劃問題，使得會議的議程中包含一系列精心設計的議題。在議題的安排上，要善於採用提問的方式，因為這可以引起與會者的興趣。

最後，如果會議有可能再次召開，議程中應包括下次會議的日期、時間和地點。

以下是可供參考的議程準備的步驟；

‧ 根據上次會議列出突出問題；

· 通過目前發展情況的預期，和與會成員聯繫，提出商務中的
  新議題；

· 選擇重要議題；

· 避免包括過多的「新問題」（在議程中，突出地分別標示關鍵
  項目）；

· 將例行項目放在開始；

· 按邏輯關係排列關鍵項目；

· 根據會議時間長短和與會者情況安排項目；

· 用數字排列項目；

· 交叉參考上次會議的議題；

· 要求明確提出下次會議的細節，在議程結尾列出「下次會議
  日程」；

· 指定需要的附加文件或將它們包括在議程中；

· 與主持人討論通過議程（如果合適的話）；

· 將議程草案交付列印；

· 校對列印稿；

· 附帶上次會議備忘錄，將文件和有關文章發送所有應出席會
  議人員。

四、相關建議

　　擬定議程的責任通常落在會議領導人的肩上。但是，人們一般
對他們參加創造的事情才願意予以支援。提前參與能使那些參加會
議的人依照擬定的議程把問題看得更清楚。下面是可能有助於鼓勵
與會者參加的一些建議：

①對將要討論的問題要求及早思考。

a.對問題的解決或處理，有那些看起來是行得通的？

b.那些是顯而易見的危險？

c.所要討論的問題其最後結果可能意味著什麼？

②如果時間允許，把參加會議者的建議合併到暫定議程裏，提前分發，以徵求補充意見。

③提前向與會者簡明介紹會議的目的，並要求他們做一些具體工作，例如抽樣調查員工意見，彙集統計數字，或搜集背景資料。

④會議常因過大的計畫而在一開始就註定失敗。下面是制定實際可行的目標的一些建議：

a.可能的話，把議程的話題限制在同一個主題範圍內。這有助於從容進行，同時使必須參加企業會議的人數減到最少。假如議程中有不同主題，可以分別安排為兩個小會進行。

b.假如這些主題之間沒有關係，要力求少安排一些話題。因為要使與會者從他很感興趣的問題轉到興趣不高的問題上，而又始終全神貫注，是很困難的。

c.設法將議程話題限制為一個主要的討論項目，輔之以不需大量準備的次要項目。

d.不把某些特殊的(有勢力的)管理人員的「心愛項目」列入議程。

e.提前分發每一項議程話題的附件，以節省開會時間。這樣就可以確定：每一項拿到會上討論的話題在會前都已向與會者簡明介紹。這是一種利用以前會議記錄實際可行的方法。

f.在議程上要表明會議開多長時間。與會者知道會議不允許超過時間，就會更加積極。

g.對那些非常有爭議的、極為複雜的或小組完全不熟悉的話題，要安排充分的時間。

h.要記住注意力的持續時間是有限度的。對一位實業家來說，有效的會議一般持續一個小時，當會議進行了一個半小時，就接近效果遞減的臨界線了。

i.假如會議必需開到兩小時以上，應安排中間休息時間。

j.假如可能，要留出會後交談和娛樂的時間。

6 制定會議方案

會議方案即指召開會議前事先制定的開會方案。大型的會議方案一般包括會議的名稱、內容、指導、任務要求、會議地點、出席人員、會議期限、日程安排、會議安排、注意事項等內容。會議方案的制定包括以下六項內容：

1.提出召開會議的背景或依據

背景是指在實際工作中出現了新的形勢、新的工作，原有的工作方法、規章、制度等已不適應新的形勢，需要根據新形勢研究制定新的工作方法和規章制度。

2.提出會議的規模

會議的規模包括總人數、與會者的職務、級別、名額分配的初步意見及會議天數。

3.提出會議的大體時間(日期)、地點

會議召開時間的制定要考慮出席者工作的情形、時機，而且會

議最好在午前召開，那時與會者的頭腦最清楚。會議地點和開會場所要結合參加會議的人數和會議效果來考慮。

4.提出會議籌備組的組成名單

會議籌備工作必須有組織、有方案地進行，因此，成立會務機構非常必要。一般設立大會秘書處（會務籌備組）、文件組和保衛組等。一般大型會議還要有主席團、秘書長、提案小組或資格審查小組。一般大型國際會議籌備委員會的組織機構有指導委員會、籌備委員會、執行委員會，其委員會下設大會秘書處及各執行工作小組。

5.提出請領導到會並講話的建議

請主管到會並在會上講話是強調會議精神、強化會議成果的權威性所必不可少的。

會議方案中要明確提出請那一級別的那一位主管講話，做指示的具體要求，以便讓主管在日程上、講話內容上有所準備。對大會主辦方來說，事先得到主管屆時到會的許諾，這也是至關重要的。

6.提出大會發言材料的組織意見

這些講話、發言、典型材料等都必須按照會議的宗旨來準備。同時，要擬訂一個比較具體的收發、編寫、起草方案，包括下基層調查研究，通知重點單位準備材料等。

7 會議的簽到流程

　　會議簽到是為了及時、準確地統計到會人數，便於安排會議工作。參加會議的人員在進入會場時一般都要簽到。因為有些會議只有達到一定人數才能召開，否則會議通過的決議將無效。所以，會議簽到是一項重要的會前工作。它是出席會議的人員到會首先要做的事，也是會中事務的重要內容之一。會議簽到一般有以下幾種方法：

1. 簿式簽到

　　參會人員在會議工作人員預先備好的簽到簿上按要求簽署自己的姓名，表示到會。簽到簿上的內容一般有姓名、職務、所代表的單位等。參會人員必須逐項填寫，不得遺漏。簿式簽到的優點是利於保存，便於查找。缺點是這種方法只適用於小型會議，一些大型會議，參加會議的人數很多，採用簿式簽到的方式不太適合。

2. 會議工作人員代為簽到

　　會議工作人員事先制定好參加本次會議的花名冊，開會時，來一人就在該人名單後畫上記號，表示到會，缺席和請假人員也要用規定的記號表示。例如：用「√」表示到會，用「×」表示缺席，用「○」表示請假等。這種會議簽到方法比較簡便易行，但要求會議工作人員必須認識絕大部分參會人員，所以這種方法只適宜於小型會議和一些常規性會議。對於一些大型會議，參會人員很多，會議工作人員不能認識大部分人，逐個詢問到會人員的姓名很麻煩，所以大型會議不適宜採用這種方法。

3.證卡簽到

簽證卡上一般印有會議的名稱、日期、座次號、編號等，會議工作人員將印好的簽到證事先發給每位參會人員，參會人員在簽證卡上寫好自己的姓名，進入會場時，將簽證卡交給會議工作人員，表示到會。其優點是比較方便，避免臨開會時簽到造成擁擠。缺點是不便保存查找。證卡簽大多用於大中型會議。

4.座次表簽到

會議工作人員按照會議模型，事先制定好座次表，座次表上每個座位按要求填上合適的參會人員姓名和座位號碼。參加會議的人員到會時，就在座次表上消號，表示出席。印製座次表，參會人員座次安排要求有一定規律，如從×號到×號是某部門代表座位，將同一部門的參會人員集中一起，便於參會者查找自己的座次號。採用座次表簽到，參加會議的人員在簽到時就知道了自己座位的排數和座號，起到引導的效果。

5.電腦簽到

電腦簽到快速、準確、簡便。參加會議的人員進入會場時，只要把特製的卡片放到簽到機內，簽到機就將參會人員的姓名、號碼傳到中心。參會者的簽到手續在幾秒鐘即辦完，將簽到卡退還本人。參加會議人員到會結果由電腦準確，迅速地顯示出來。電腦簽到是先進的簽到手段，一些大型會議都是採用電腦簽到。

會議簽到結束後，應立即進行統計，交有關主管批示。

8 議題的先後有序

　　議程表上每項議案排列的次序很重要。有些議案軒輊分明，層次清晰可以一目了然——大體而言，需要立即做結論的就排在最前頭，可以留待下次再議決的只好排在後頭。譬如說，如果裝修計畫還沒有通過，就不必討論裝修費用。可是有些議案的性質不易劃分，孰應先孰應後，就得費心思量一番。下述幾點可供會議主持人參考：

　　1.會議的前半部通常要比後半部更有活力和創造力。因此，如果某項議案需要與會人員集中心力提供意見，最好就列在前半部討論。同樣地，如果有件議案很得與會人員關心，不妨將它稍微做保留，先讓與會人員把其他正事辦完後才提出。通常這種議案以會議進行了 15 分鐘至 20 分鐘之後提出最佳。

　　2.有些議案可能會使與會人員意見一致，有些卻存有意見分歧。當主持人的可以使與會人員先一致再分歧，也可以使他們先分歧再一致。最重要的是主席做選擇時，心裏要有準備。因為這兩種相反的方式可能會使會議氣氛變得迥然不同。一般而言，議程最後一項以能夠導致各個與會人員的意見一致者為佳。

　　3.許多人通常都會犯的毛病就是：在一些瑣細但又似很迫切的問題上消耗太多時間，以至於忽略了另外一些雖然並不迫切，但影響卻極為深遠的問題，為了避免犯這種毛病，主持人不妨在議程表上註明何時開始討論這種有長遠性影響的問題——並且要徹底執行。

　　4.一場會議如果開上兩個小時之後，就很難討論出個有意義的結果來，通常只有一個半小時就足夠把所有議案理出一個頭緒了。

5. 會議準備在什麼時候開始，什麼時候結束，最好在議程表上註明。

6. 如果會議可能拖得太長，主要就應該把會議安排在午飯前一個鐘頭或上班前一個鐘頭舉行。一般而言，只須簡單說明即可議案，可以在預定結束的時間前十分鐘提出。

7. 原則上，最好能事先分發會議記錄及參考資料。這樣不僅能節省時間，而且可以讓與會者先想好問題。這些參考資料最好能製成大綱。如果要分發，主持人一定要在會議前先看過一遍——如果事先沒看，絕對不能讓與會人員發現。

8. 如果需要印製某些文件供做討論參考之用，務必力求簡單扼要。只有傻瓜才會要求全體與會人員捧著一大疊印得密密麻麻的資料。至於只供參考而不必全部看完的金融和統計資料，則不在此限。這種資料最好在開會時每張桌子擺上一份。

9. 如果要使每個議案在會中討論出個頭緒，事前必須一一仔細思考。在議程表上亂列其他問題，無異是浪費大家的時間。如果有會員臨時提出一項很迫切的問題，該問題本身又很直截了當的，主持人則不妨在會中臨時宣佈增列該項議案。

10. 會議主持人在事關研讀各項議案時，如果自己有什麼看法想提出來供大家討論的，也可以註明在上頭。

第 九 章

會議後的工作評估

1 如何評估會議成本

作為一種商業行為，會議同樣是有成本的，也是需要評估成本的。將成本與預期收益相對照，是判斷是否應召開某一會議的重要依據。

會議的成本主要由三個方面構成：直接花費、時間成本和效率損失。

1.直接花費

如果是公司的一些例行會議，會議的直接費用一般較低，頂多包括一些茶水費、電費、紙張費等。但是，如果要召開一個大型的會議，場地、設施等各方面的費用就會造成會議很大的直接支出。

可以從如下公式中看出：

直接費用＝會議場地費＋會議設施租用費＋現場佈置費＋差旅費＋餐飲費＋住宿費＋文件費＋車輛使用費＋工作人員工資＋其他

支出

2.時間成本

時間成本是指，由於與會者是帶薪參加會議，所以與會者在會議期間付出的時間總額，可以看作是會議時間成本。

時間成本可以用以下公式來表示：

時間成本＝（與會者的準備時間＋與會者的旅行時間＋會議進行時間＋與會者其他時間）×參加會議的人數

如果換算成金錢：

時間成本＝與會者的平均每小時薪水×會議進行總時間×參加會議的人數

3.效率成本

開會時，與會者需要離開自己的工作崗位，這將可能給公司造成工作效率上的損失。例如，有可能不能及時接聽電話而錯失商機；有可能不能及時與顧客溝通而得罪用戶；有可能無法及時掌握突發事件的資訊而造成很大損失等。這類損失沒有一個固定的公式來計算，只有一個根據具體情況來大致估算的等式。

效率成本＝因開會而耽誤的工作收益×此工作成功的可能性

時間成本和效率成本也可以合稱為「機會成本」。機會成本是經濟學名詞，指的是由於做某件事情而放棄做其他事情，而減少了可能帶來的收益。

對會議成本進行精確的計算和統計，可以為在會議管理中降低會議成本，大幅度提高會議效率奠定基礎。

對會議成本的計算，還有一種簡單的方法，比較適合於對小型會議的粗略評估。這種方法被稱為伍德法：

將所有會議成員的年薪總額，並加上薪水總額的 25%—40%作為

其他費用。按照一年 260 個工作日,每天工作 8 小時,全年 124800
分鐘,將費用換算到每分鐘。再將會議可能進行的時間精確到每分
鐘,最後將兩者相乘,得到會議的總費用。

2 制定預算方案,各項支出有據有節

茌仔細分析會議的各項支出之後,可以制定出會議的具體預算
方案。會議舉辦之前制定出某種形式的預算,需要考慮到各種影響
預算因素。由於在選擇不同的會議地點、進行協商和會議策劃中的
其他因素發展變化的時候,預算也會隨著發生改變,因此會議方面
應該經常對預算進行重新檢視和調整。除非進入會議籌備的後期,
否則預算始終不能固定下來,即使到了那個時候,預算中也仍然需
要保持一些靈活性。

1.制定會議財務目標

會議財務目標必須與企業領導層預期制定的總目標相一致。

很多時候,會議財務目標是信譽目標而不是贏利目標。(如:年
終慶祝大會可能是為了增強公司在員工心目中的良好信譽和感謝他
們在這一年創造了良好佳績。該活動的開支最有可能全部由某個部
門來負擔,根本不是期望從中賺錢或是壓縮開支。)

而在另一些時候,會議的核心財務目標是為了贏利。(如:面向
公眾的培訓班和展覽會,必須賺到錢。)

許多會議籌畫人員都不喜歡從事會議財務方面的工作,但是這
項工作和我們生活中的許多其他活動一樣,也是非常關鍵的。實際

上，掌握會議預算的人就掌握了整個會議。

預算是協助會議組織者實現財務目標的一個工具。

(1)測算固定費用

固定費用不隨著活動的參加人數而變動，即使實際收益少於預期收益時，固定費用也不變。項目的市場營銷費是一種固定費用。

在籌畫活動過程中，同各方面談判協商時，必須考慮會議組織者所編制的費用預算。在合約即將簽訂時，問問自己留了多大餘地應付因天氣或其他因素而產生的出席人數的變化情況。確保任何談妥的定金或違約費在你方需要支付時你的預算上能提供這筆錢。

(2)估算可變費用

可變費用是根據出席人數或其他因素的變動而變動的。

另外，在制定預算時，可以考慮會議所能帶來的收入。這樣預算案更具有全面性，減少會議支出的財務壓力。

2.列出會議經費預算分配表

表 9-2-1　預算分配表

不變成本	百分比
1.會務、講臺、外請演說者	
2.邀請、推售、策劃	
3.會議室	
4.會務代理費、最初的考察	
5.會議標誌	
6.保安、停車安排	35%
7.報到費用	
8.會議辦公、電話、電傳費	
9.惡劣天氣的替代活動	
10.保險、購買稅	
第 1 條的支出可高達總支出的 25%	
可變成本（按每位代表計算）	
不變成本	**百分比**
1.膳食	
2.酒水、飲料	
3.住宿	
4.旅行	
5.印刷品	
6.禮品	50%
7.搬送行李及停車費用	
8.社交活動	
9.夜間酒吧酒水	
10.服務費、小費	
應急成本	
1.10%用於可變成本的意外支出	
2.留出一部分資金以應付貨幣匯率變化（假如在國外）	15%
總預算	100%

3 明明白白列出費用明細

　　會議經費預算也如企業經營管理中所有的預算一樣，都需要列出一個不變成本和可變成本的清單。無論到會的人數多少，這些成本都應當包括在預算中。對於會議而言，不變成本的覆蓋面較大。包括講臺、會務費用、邀請費用、會議場地訂金、後勤費用及輔助費用。而會議可變成本指的是除不變成本外的其他開支。這時需要引起會議組織者特別注意的與會的人數。因為列會人數幾乎對每一項可變開支都起著或增或減的決定性的作用。因此，在拿出可行的預算之前，準確瞭解（估算）與會代表的人數是至關重要的。

一、會議的不變成本

　　會議管理、會議演說者和講臺是會議不變成本中份量最大的內容，因此，會議組織者需要對各個方面的情況有所瞭解。
　　儘管因為創造性方法在發生變化，新的想法層出不窮，舊的觀念退出歷史舞臺，會議預算內部可能會產生相當程度的變化，但所有會務支出還是應該被視為不變成本。說到主要內容，會議組織者應對以下幾個方面有所瞭解。
　　· 投影
　　成本包括：螢幕、錄影投影機、幻燈機、放像機（備用機）、預看監視器、介面裝置、轉接開關、講臺監視器·掃描變換器、鐳射指示器、電纜線、適配器、後勤的提詞器、雷射器、錄影模組製作

費用、分發拷貝以及現場鏈結。

・音響

成本包括：揚聲器、講臺麥克風、領帶夾式麥克風、手持麥克風、影碟機、多芯電纜、對講系統、聲頻混合器、照明系統、電纜線、適配器以及音樂版權或音樂製作費用。

・演說者的各項保障

成本包括：方案制定、圖像製作——或採用 35mm 的幻燈機，或採用電子圖像。以平均時間計算，6 個小時的商務會議大約需要 150 個圖像。此外還有一些額外的支出，如：複雜的動畫圖像、印刷校樣、演說稿的撰寫、演說者的培訓、會場內外的演練、活動掛圖、筆、週邊設備。

・設台

成本包括：設計方案、發言講臺、講臺、背景、臺階、裝飾、圖案、地毯、座位區、特別結構、旗幟、室內裝璜(與專場放映場所相仿)、樓層平面圖、修改過的佈局計畫。

・燈光

成本包括：方案設計、租用設備、安裝、工作人員的報酬、運輸費用、鋪線及拆除。

・工作人員

成本包括：正式工作人員、現場工作人員、拆除設備人員、交通費用、每位工作人員的日津貼(生活補貼)、會議召集者、場記員、會場攝像人員、燈光師、音響技師、圖像技師。

・費用及保險金

成本包括：會務費、項目費、管理費的意外支出(為所定費用的 3%)、設備保險。

並不是每次會議都帶來這些支出，但是，指導原則是創造性的反應一旦做出，就應該有一個固定的預算，任何的超支都需要有個出處。更好的做法是將雙方的討價還價限定在會議因素內部，否則，會議組織者會發現自己不得不在會議的飯菜上做手腳以彌補設台或租用設備的虧空。

· 邀請過程

無論是通過直接郵寄，還是通過宣傳手冊發出會議邀請；無論是通過數據庫弄清被邀請人的準確情況還是用電話聯繫；無論多少人將出席會議，會議邀請的設計與安排方面的支出都是一次性的。隨著合約的最後期限的臨近，還應在預算中加上廣告、海報及一些後續活動的費用。

· 活動場所與合約

如果想租到特別的活動場所，通常可以預付10%定金以表達會議舉辦方的誠意。不過熱點場所的定金可能要高一些。此外，隨著會期的臨近，可能還要再付一些錢。一般情況下，會場方面會請簽一份合約，合約的主要內容是具體的房間、日期以及預計到會代表的人數。合約將包括到會人數不足的註銷費，因此，從一開始組織者就必須對到會人數做到胸中有數，這個數字可以在20%之內變化。雖然至少從理論上來說，許多會議中心的合約是為了採取措施保護自己不受對方在最後時刻改變主意之害，但實際上，這種做法只是想阻止這樣一些主顧，這些人習慣於同時與兩個會議中心週旋，會場方面希望以此減少到會人數不足的損失。如果會議舉辦方能態度誠懇地與它們打交道，不斷與之溝通，它們很少會用合約條款嚴格約束會議舉辦方。

會議主辦者如果對會議中心合約中的某一點不能同意，比如說

必須接受的服務費用或者必須單獨使用會場，組織者只需把它劃掉
然後簽訂合約，假如他們不同意的話，會場方面一定會回來找組織
者。最後一點要牢記在心的是合約不包括那些內容。組織者會發現
會議中心對保安、電、水、椅子、標誌、停車服務生、衣帽間工作
人員的使用都是收費的，而這些服務在酒店是免費提供的。如果習
慣於租用酒店舉辦會議，當組織者在對會議中心的每位代表最高費
用與酒店進行比較時，需要格外當心。乍一看，會議中心好像比酒
店更具吸引力，但是當拿到帳單時，會發現會議中心的費用要比酒
店更高。作為顧客，需要在簽訂合約之前弄清楚組織者是否真的需
要會議中心的排場。更好的建議是：以一個具有可比性的當地酒店
為基礎做出預算，然後討價還價，直至做成一筆令人滿意的交易。

· 後勤輔助費

假如會議計畫的一部分是雇用外面的會議代理公司幫助組織者
做會議報到或後勤方面的工作，如果會議代表人數的變化低於 20%
的話，這筆開支從批准到完成不會有太大的變化。粗略地算一下，
假定為每 50 名代表指派一名代理公司工作人員(每一輛車一位工作
人員)，那麼一旦代理公司被雇用，要想減少後勤支出，組織者可能
錯算。不過要仔細考慮需要幫助的準確時間，如果額外工作的主要
內容是會議報到，就沒有必要保留這些工作人員一整天，簽一份 4
小時的合約，為自己省下半天的費用。

· 準備工作費用

準備工作費用包括：保安人員、停車工作人員、會議標誌、秘
書工作以及任何其他輔助支出，這些支出與代表人數沒有多大的關
係。如果每當會場方面向會議舉辦方提供這些服務，而組織者都說
「好」的話，這部分費用加起來可高達整個預算的 10%。記住問清楚

它包含什麼，能提供多長時間的服務，人力情況如何，以及供應方怎樣保證服務質量。一旦開始調查這些所謂的額外服務，就會發現它們是不必要的——因為，除非會場方面將它們列入合約，否則沒有必要接受它們。

其他一次性開支可以包括提供翻譯、最初的考察費用，會議辦公支出、惡劣天氣的意外費用、晚間酒吧服務費、夜間酒吧許可證費用。列出一個詳盡的包含一切的一覽表。

沒有兩個會議是完全相同的。雖然不變成本在相當大的程度上取決於舉辦方與會場之間的合約，但總的來說，會議的不變成本大約為會議總開支的 35%左右。

二、會議的可變成本

通常可變成本是會議組織預算中份量最重的部分，因此，如果組織者不希望預算失控的話，就應該仔細核實可變支出的內容。假如會議代表人數從一開始就和預計人數有較大的出入的話（對於第三方發行商或者他人付費的會議，情形尤其如此），爭取制定一個可變的總預算範圍。會議組織者最害怕的是把 500 名代表塞進一個為300 人準備的會議室裏，但老闆可能會因此而高興，但是當會議組織者把未得到批准的預算超支情況向他彙報時，他可能就高興不起來了。

可變成本包括：

· 陪同人員接待
· 電腦服務
· 合約服務

- · 娛樂活動及觀光
- · 展覽
- · 實地旅行
- · 酬勞
- · 地面交通及停車費
- · 翻譯人員
- · 現場工作人員
- · 與會者手冊
- · 名卡
- · 其他便利
- · 與會者材料包
- · 獎品和紀念品
- · 公共關係
- · 保安
- · 其他計畫外開支

除非所組織的是一個定期舉行的會議，對其以往的成本模式做過認真的分析，否則的話，就應該抵禦住花掉任何額外資金的誘惑，這些資金的產生是由於確認代表人數少於預計人數而出現的。多數會議代表出於計畫的考慮，往往很晚才對會議邀請做出反應，這常常帶來在會前的最後兩個星期有很多人做會議登記——到那時，組織者可能已將他們的可變成本款項花在不變成本上了。

無論是不變成本或是可變成本，會議組織者都需要列出費用明細，並盡可能把可變因素都考慮進去。這樣當會議舉辦時，才不至於因計畫不週而加大經費投入，甚至影響整個會議的進行。如何為最後時刻的沒有預見到的支出找到資金呢？做一個應急預算。

如何評估會議準備階段的工作

評估會議績效的內容，一般按照會前、會中、會後等三個階段分為三個部分，即會議準備、會議進行和會議善後等三個階段。其中，評估的重點部分是會議準備和會議進行這兩個階段。

首先，我們來看看如何對會議準備階段的工作進行評估。對會議準備階段進行的評估主要按照以下內容進行：

1. 主題相關性和目標明確性

雖然評估工作要等到會議結束後才能進行，但是對主題相關性的評估仍有必要先行一步。有時，與會者抱怨會議的主題與會議本身聯繫並不緊密，而與會者對於會議主題的反饋意見，將對以後會議主題的策劃有很大幫助。

在對主題相關的評估中，可以提出如下問題：會議主題是否和與會者緊密相關？會前活動是如何傳達會議主題資訊的？會議主題在會議策劃中是如何表現的？

會議目的的明確性也可以作為評估的對象，除非會議具有某些具體的行為指標或是例行的年會。在前一種情況下，確定會議目的的人也應該負責對相關的評估進行策劃。在後一種情況下，會議的目的是非常明確的，因此無需就此進行評估。在所有其他的情況下，對會議目的進行明確性的評估有利於合理制定以後的會議目標。

此種評估可以提出這樣一些問題：與會者對會議目標的理解程度如何？會議目的向與會者傳達得怎樣？

2.會議議程設計

會議議程安排的合理性也同樣是需要重點評估的對象。由於會議主題和目的的主要實現形式是依靠會議議程來進行的，並且與會者的參與在很大程度上也相應的受到會議議程的限制，這就決定了其主要評估的內容有：會議議程安排是否突出了主題和重點？是否與實現會議目標相一致？議程之間是否銜接得很緊密？各個部分的先後順序是否恰當？

3.會議整體策劃

會議整體策劃應該是評估的一個內容，即對多方面的策劃工作進行評估，例如時間、地點等方面的安排，對與會者進行篩選以及選擇主席等。對會議整體策劃進行評估，是會議準備階段評估工作的重點。

對會議整體策劃進行評估時，不但要對時間、地點等各項策劃進行評估，還需要對整體的策劃本身進行評估。有時組織者在對會議的時間、地點等方面的策劃中，並沒有明顯的錯誤，但整體的效果並不令與會者滿意。對於出現的這類問題，僅僅讓組織者自己來判斷和更正是不太容易的，而從與會者的角度進行判斷是最為合適的。

對會議整體策劃評估的內容具體包括：會議舉辦的時間、地點、整個會議的長度等各個方面是否合適、會議設施是否可靠、與會者是否都為必須出席的、與會者是否屆時都到會了、會議主席是否稱職等。

4.會議服務

對會議服務的評估主要是對會議服務準備的週到性進行評估。會議整體策劃的內容一般都是對會議物質條件的評估，是會議的「硬

體質量」，而會議服務則是會議的「軟體質量」。

　　對會議服務的評估，內容包括：會議通知是否及時，通知的內容是否準確清楚，為會議準備的必要食宿是否妥當，現場的會議服務是否優質；工作人員的服務質量是否令與會者十分滿意；為與會者準備的會議資料是否完備等。

　　對會議的準備階段進行的評估工作，是對整個會議工作進行評估的第一步，其評估的方式和內容都將對後兩項評估工作起到示範性的重要作用。

5 如何評估會議進行階段的工作

　　會議的進行階段是整個會議工作的重點階段，所以對這個階段的評估也同樣是整個會議評估工作的重點。一般來說，對會議進行階段的評估是根據會議主席、其他發言者的表現情況，以及會議議程進行的情況來進行的。對會議的進行階段評估的內容包括：

1.會議主席的表現

　　會議主席的表現是會議是否成功的關鍵因素，所以對會議主席的工作表現應當進行詳細而恰當的評估。對會議主席表現進行評估可以從以下幾個方面開展：

　　⑴會議開始。會議要想有一個好的開始，取決於會議主席在會議開始時是否準備充分。對開始工作部分的評估內容包括開始時的自我介紹、對與會者的介紹等。

　　⑵控制會議的能力。會議主席應對會議的進行有著很好的把

握,有效控制會議的場面。評估內容包括:對發言者講話時間的控制,對與會者情緒的控制,應對會議上反對者的態度,化解與會者之間的意見衝突,及時處理會議上的破壞者和行為特別者的能力等。

⑶會議主席發言的水準。會議主席有可能成為會議中發言時間最長的人,所以會議主席的發言水準對會議成功有著極重要的影響。對會議主席發言的評估主要從會議主席發言的總時間、組織性和流利程度、插話的恰當時機和內容是否合適等方面入手。

⑷會議主席整合決議的能力。會議達成決議的程度往往取決於會議主席整合水準的高低,所以會議主席的整合決議水準也同樣是評估其能力的重要指標。主要評估內容有:對與會者觀點的包容性、對眾多觀點的整合能力、對會議決議的概括性等內容。

2.會議議程的執行程度

會議是否能嚴格按照會議的議程進行,往往決定了會議最後能否按照設計的那樣順利進行,並達到預期的成效最佳的目的。因為設計會議議程的目的,就是要幫助會議主席和與會者能夠有一條明確的路徑成功地指向會議目標,並能切實保證會議在一定的範圍內順利進行而不至於偏離方向。

對會議議程進行評估的內容包括:會議議程內容設計水準,會議議程步驟執行情況,會議是否出現了離題現象,會議討論的深度和廣度等方面的內容。

3.與會者的參與程度

與會者參與會議的積極性也是影響會議成敗的重要因素,與會者參與程度高漲,會議的討論自然會深入下去,也會激發與會者的創新思維;與會者參與情緒冷淡,會議就會相應的缺乏內容,只能流於形式了。所以,需要對與會者參與程度進行評估。

評估與會者參與程度的內容包括：與會者的觀點數量、肢體語言、發言的積極性、發言的長短、對其他意見的認同性、對議題認可度、對會議主席的態度等方面的內容。

4.會議進行的其他問題

會議進行中，可能還有其他一些問題影響會議的結果，例如，會議中出現分歧後的解決程度，會議進行中是否受到其他因素的干擾等。

對會議進行階段的評估，內容繁瑣而複雜，需要將各種因素整理清晰，一一進行評估，以得到詳實的結果。

6 如何評估會議結束之後的工作

會議結束並不意味著會議工作的全部完結，會後的工作也同樣重要，對會議結束之後的評估，實質上就是對會議的效果進行評估。對會議結束之後的工作進行評估的內容有：

1.與會者對會議決議的認可度

會議決議的做出也就意味著會議主要任務的完成，做出的決議是否能夠得到與會者的認可，是評估會議效果的一個重要因素。

與會者對會議決議是否認可，首先取決於對決議內容的認可程度：是否認為決議內容達到了召開會議的目標，是否表達了大多數與會者的觀點，是否具有可操作性。

除了內容以外，還需要對決議的形式進行評估，決議應是語句簡練、意圖清晰，既包括必須的內容，又不能煩瑣，不可語句冗長

且主次不分。因此，與會者對會議形式的認可也是會議結束後評估工作的一個重要方面。

2.決議的執行情況

會議決議並不是做出來擺樣子的，而是需要切實執行的，所以，決議的執行情況自然成為會議結束之後工作評估的重點。由於決議的執行往往是取決於各位與會者在實際工作中的執行，所以與會者對此最有發言權。

評估會議決議的執行情況，主要從這幾個方面進行：與會者是否按照決議內容的要求開展具體工作；按照決議開展工作後是否達到了預定的結果；決議在執行中出現了什麼樣的問題。

3.會議的其他問題

當然，還有一些其他的會後問題同樣需要與會者進行評估，例如，會議結束後是否及時請與會者積極參與評估，就是需要與會者進行評估的一項內容。另外，還有會後資料的補充完善，組織者與與會者的再交流等問題。

會議結束之後的工作並不是會議評估工作的重點，但需要注意的是，跟蹤調查會議決議執行情況仍是會後評估工作十分重要的部分。

表 9-6-1　會議評估的基本內容

· 策劃委員會	· 發言人	· 相關活動
· 會議主持人	· 交通	· 娛樂活動
· 秘書處	· 住宿	· 會場
· 主題相關性	· 餐飲	· 招待會
· 目標明確性	· 接送	· 陪同人員
· 會議地點	· 整體策劃	· 會議文件
· 與會者	· 議程	

表 9-6-2　會議評估表

評估項目 ＼ 滿意度	很不滿意 （0分）	不滿意 （1分）	一般 （2分）	好（3分）	很好 （4分）
策劃委員會					
秘書處					
主題相關性					
目標明確性					
整體策劃					
相關活動					
會議地點					
會場					
議程					
與會者					
會議主持人					
發言人					
預算					
交通					
餐飲					
接送					
娛樂活動					
招待會					
陪同人員					
會議文件					
合計：					

7 會議的自我評估效果

會議的評估和總結，不光是會議組織者要進行的工作，對於會議參加人員同樣具有重要意義。會議主持人評估主持水準和效果，明確會議目標的實現程度、會議進程的控制技巧，對會議組織者正確評估會議具有重要參考價值。其他人員通過自我評估，有效瞭解自己在會議中的表現和發揮的作用，對於提高參與會議的能力大有幫助，從而達到全面跟進。

一、會議主持人的自我評估

1.準備

a.目的：我知道這次會議要實現的目的，或我不知為什麼舉行會議。

b.會議議程：我至少在會前兩天發出會議議程，或我在會上發放會議議程。

c.與會者：我選定或影響對與會者的選擇，或我讓與會者的各部門代表決定。

d.會議地點和佈置：我檢查會議室及其佈置情況，或開會時我方去看看。

2.主持會議

a.總結：討論中我概括總結相關要點，或我讓他們自己做出總結。

b. 打斷：我不打斷會議進程，或我經常打斷會議進程。

c. 提問：我提清楚的問題，我問公開的問題，我問無關的問題，或我提保密的問題。

d. 感受：我感到輕鬆且精力集中，或我感到緊張難以放鬆。

3. 得分

每小項 1-7 分，由左至右依程度遞增。如果得分為 27 分或 27 分以下，那看來會議主持人主持得很好，得分在 36 分以上則預示著可能在主持人角色方面存在著某些問題。

二、會議參與者自我評估

1. 準備

a. 目的：我清楚我開會要實現什麼，或我不知道為什麼要舉行會議。

b. 文書工作：我在會前已看了議程和附件，或我開會時才看。

c. 與會者：我與其他與會者交流了對主要議程的看法，或我在會上瞭解他們的看法。

d. 事先告知：我已告訴主持人我支持議程上某個議題，或我在開會時告訴主持人。

2. 進程

a. 發言：我講話清楚簡潔、相關聯，或我隨意漫談進行無謂評論。

b. 打斷：我不打斷會議，或我經常打斷。

c. 提問：我掃清楚的問題，我問公開問題，我問無關的問題，或我問保密的問題。

d.創造性和革新：我提出解決問題的新方法，或我只關心自己的事。

e.感受：我感到輕鬆且精力集中，或我感到厭煩緊張，難以放鬆。

3.得分

每小項 1－7 分，由左至右依程度遞增。如果您的得分為 30 分或 30 分以下，看來您的參與狀態良好；若得分在 40 分以上，可能預示著您對於會議及您在其中的角色有某些問題。

三、會議發言人自我評估

1.準備

a.目的：我清楚會議的主題和實現的目的，或我不清楚為什麼舉行會議。

b.與會者：我充分瞭解與會者，或我對與會者一無所知。

c.相關信息：我對會議的相關信息知悉，或我不知道其他相關信息。

d.講稿：我提前準備好講稿，或我沒有準備講稿。

e.輔助設備：我告訴會議組織者所需輔助設備，或我沒有告訴會議組織者需要那些輔助設備。

2.講演

a.相關性：與主題密切相關，或與主題不具有相關性。

b.氣氛：會場氣氛活躍，或會場氣氛沉悶。

c.興趣：與會者對講演很感興趣，或與會者對講演無任何興趣。

d.提問：接受與會者提問，或不接受與會者提問。

e. 見面：安排和與會者見面，或不安排和與會者見面。

3. 語言

a. 清楚：我清楚陳述，或我對觀點陳述不清楚。

b. 簡潔；我語言簡潔，或我語言囉嗦。

c. 生動：我表達生動，或我表達乏味。

4. 得分

每小項 1-7 分，由左至右依程度遞增。如果您的得分為 39 分或 39 分以下，看來您的講演水準良好；若得分在 52 分以上，可能您的講演水準有待提高，對會議所起作用很小。

心得欄 _____

_____

_____

_____

_____

_____

第 十 章

附　　錄

附錄1　公司會議管理制度

第一章　總則

第一條　為使公司的會議管理規範化和有序化，提高會議的效率，特制定本制度。

第二條　會議本著有效、精簡的原則運行。

第二章　會議形式

第三條　總裁辦公會

(一)出席人員：總裁、執行總裁、行政總監、行銷總監、產業總監、財務總監、人力資源部部長、財務部部長、總裁辦主任、總裁秘書、各事業部總經理等常設成員。

(二)週期：根據需要隨時召開。

(三)會議內容：公司經營計劃事項，公司管理制度和管理辦法的擬定和審核事項，人事管理事項，公司合理化建議管理事項，公司其他重大經營決策和管理問題等。

(四)主持人:總裁。

第四條 總裁質詢會

(一)出席人員:總裁、執行總裁、行政總監、行銷總監、產業總監、財務總監、人力資源部部長、財務部部長、總裁辦主任、總裁秘書、各事業部總經理等常設成員。

(二)週期:每週一次。

(三)會議內容:上週業務工作總結、下週業務工作安排、公司情況通報。

(四)主持人:總裁或執行總裁。

第五條 全體員工會議

(一)出席人員:公司全體員工。

(二)週期:每半年、一年或不定期。

(三)會議內容:公司經營管理情況通報,討論職工關心的切身利益問題、與公司發展相關的合理化建議。

(四)主持人:總裁。

第六條 每週晨會

(一)內容:對本週重大工作事項進行統一安排,協調跨部門工作。

(二)出席人員:總裁、執行總裁、各相應總監、各職能部門部長、各事業部總經埋、公司內其他的重要人員等。

(三)主持人:總裁。

(四)週期:每週初。

第七條 工作彙報會

(一)內容:下級向上級彙報指定內容。

(二)出席人員:上下級或有關責任人。

(三)主持人：上級主管。

(四)週期：定期或不定期。

第八條　專題會議

(一)內容：討論和商定某一問題。

(二)出席人員：有關人員。

(三)主持人：相關主管。

(四)週期：不定期或定期。

第九條　各部門會期必須服從公司統一安排，各部門小會不應安排與公司例會同期召開(與會人員不發生時間上的衝突除外)，應堅持小會服從大會、局部服從整體的原則。

第三章　會議組織

第十條　會議程序

一般而言，公司的會議組織過程包括以下幾個步驟：

(一)確立會議議題。

(二)安排會議議程。

(三)發出會議通知。

(四)會務準備。

(五)作會議記錄和攝像、錄音。

(六)整理會議紀要、決議。

(七)相關主管閱改、簽批。

(八)印發至有關部門人員，並歸檔。

第十一條　確立會議議題

會議的議題可能有以下來源：公司上級提出或各部門提出，總裁辦收集得到等。經上級主管同意，即可召開會議。

第十二條　對定期的常規會議，在會前應明確該次會議主題和

臨時出席或列席人員。對不定期的重要會議，承辦人應提出會議企劃報告，該報告包括：

（一）會議名稱。

（二）會議主旨和目標。

（三）會議議項。

（四）會議時間。

（五）會議議程。

（六）會議主持人。

（七）出席人員（名單）。

（八）會議財務（支出收入）預算。

（九）現籌備情況及進展。

（十）籌備時間進度等。該報告批准後方執行。

第十三條　　提前發出會議通知

（一）通知內容包括：時間、地點、出席人、議題、議程、編組等。

（二）方式：由會議承辦人通過口頭或書面形式發出，注意口頭僅適用於例會召開的確認。

（三）出席會議的重要或主要人員，應通過電話等方式確認其是否能如期出席，並做出相應安排。

（四）通知時間：根據會議要項擬定會議通知，並提前發送。

第十四條　　會務準備

會務準備包括以下內容：會議場所座次佈局、準備與調試會議需用的設備、出席者主賓座次銘牌、資料袋（內裝鉛筆和記錄紙）、簽到簿、備用桌椅、墨水、電源插頭和延長線、話筒和播放系統、錄音工具、茶水、投影儀、幻燈片和白板或黑板等。

根據會議內容和性質的不同進行相應的準備。

第十五條　召開部門會議時，由該部門指定負責會議紀要的起草人。多個部門召開聯席會議，應共同協商確定一個部門負責起草會議紀要，且在會議室使用時間登記表上登記會議的召集人或主持人。一個部門召集其他部門參加時，由召集的部門負責會議紀要的起草工作。

第十六條　各部門起草會議紀要的內容要求

(一)必須全面記錄會議的內容。

(二)必須準確記錄與會人的意見，不能以個人的喜好、觀點增刪改變內容。

(三)會議紀要必須做到全而精，要詳略得當、突出重點。

(四)起草會議紀要應採用列印體(其正文部份字體要求是宋體小四號)；時間緊急的情況下也可採用手寫體，但為了長久保持要求用墨水筆寫，同時要保持紙面清潔。

(五)會議紀要應在會後三天內提交總裁辦存檔。

(六)會議紀要一般要由總裁或執行總裁簽批，重要決議必須經所有與會人員閱讀簽字後存檔。

第四章　會議效率管理

第十七條　判斷會議效率的高低有以下的標準：

(一)會議是否按期進行。

(二)目的及議題是否清晰，討論是否徹底。

(三)會場準備是否完善。

(四)資料是否齊全。

(五)會議日程是否有計劃性。

(六)參加者是否預先瞭解了主題。

（七）討論時是否離題嚴重。

（八）會議氣氛是否熱烈。

（九）建設性發言的數量。

（十）是否得出結論或對策。

第十八條　提高會議效率的要領

（一）嚴格遵守會議的開始時間。

（二）在開頭就議題的要旨作一番簡潔的說明。

（三）把會議事項的進行順序與時間的分配預先告知與會者。

（四）在會議進行中要注意以下事項：

1. 發言內容是否偏離了議題。

2. 發言內容是否出於個人的利害。

3. 是否全體人員都專心聆聽發言。

4. 發言的內容是否朝著結論推進。

（五）應當引導與會者在預定時間內做出結論。

（六）在必須延長會議時間時，應取得大家的同意，並決定延長的時間。

（七）應當把整理出來的結論交給全體人員表決確認。

（八）應當把決議付諸實行的程序理出，並加以確認。

第十九條　會議禁忌事項

（一）發言時不可長篇大論、滔滔不絕。

（二）不可取用不正確的資料。

（三）不可打斷他人的發言。

（四）不要中途離席。

第二十條　會議管理技巧

（一）控制出席人數，與會議無關者不邀參加。

(二)每次會議須明確主題。

(三)對重大或有分歧的議題，在會議上爭執不下時，主持人應及時制止且擱置該問題，會後再議。

(四)會議發言應言簡意賅，相對控制每位發言時間。

(五)對有多個議題的會議，每段時間只集中討論其中一個議項。主持人可在每一議項後或每隔一段發言時間進行小結，及時做出決定。

第五章　會議室管理

第二十一條　會議室使用登記手續

(一)凡需用會議室的部門及人員須提前辦理預約登記手續。

(二)會議室預約登記手續由總裁辦辦理。

(三)會議結束後將會議紀要送總裁辦備案。

第二十二條　會議室必備的物品和環境設置

(一)會議室需備有會議桌椅。

(二)會議室需備有飲水機。

(三)會務準備有特殊要求的，應與總裁辦協商。

(四)會議室應保持清潔。

第二十三條　會議室使用環境的衛生要求

(一)注意保持會議室的環境衛生。

(二)嚴禁在會議室裏吃東西。

(三)嚴禁在會議室及桌面上，堆放與會議室配套物品無關的設施。

(四)嚴禁在會議室處理與工作無關的事情。

第二十四條　會議室維護費用由總裁辦編制預算並執行。

第六章　附則

第二十五條　本制度的擬定或者修改由總裁辦負責，報總裁批准後執行。

附錄2　公司會議管理制度

第1章　總則

第1條　目的。為了使公司的會議管理工作規範化、有序化，減少不必要的會議，縮短會議時間提高公司會議決策的效率，特制定本制度。

第2條　適用範圍。本制度適用於公司內部會議管理。

第2章　會議組織

第3條　公司級會議，指公司員工大會、全公司技術人員大會及各種代表大會，應經總經理批准，由各相關部門組織召開，公司主管參加。

第4條　專業會議，指公司性的技術、業務綜合會，由分管公司主管批准，主管業務部門負責組織。

第5條　各工廠、部門、支部召開的工作會由各工廠、部門、支部主管決定並負責組織。

第6條　班組(小組)會由各班組長決定並主持召開。

第7條　上級或外單位在公司召開的會議(如現場會、報告會、辦公會等)或公司之間的業務會(如聯營洽談會、用戶座談會等)一律由公司組織安排，相關部門協助做好會務工作。

第3章 會議管理

第8條 會議準備。

1. 明確參會人員。

2. 選擇開會地點。會場環境要乾淨、整潔、安靜、通風、照明效果好、室溫適中等。

3. 會議日程安排。要將會議的舉辦時間事先告知與會人員，保證與會人員能準時參加會議。

表 10-2-1 會議日程安排表

會議日期	時間	地點	內容	備註

4. 會場佈置

一般情況下，會場佈置應包括會標(橫幅)設置、主席台設置、座位放置、台卡擺放、音響安置、鮮花擺設等。會場佈置和服務如有特殊要求的按特殊要求準備。

5. 會議通知

會議通知應包括參加人員名單、會期、報到時間、地點、需要準備的事項及要求等內容。

表 10-2-2　會議通知單

召開會議部門		會議組織部門	
會議召開時間			
會議結束時間			
會議議題			
參會人員			
參會人員的相關準備工作			
注意事項			
會議組織部門聯繫方式			

第 9 條　會中管理。

1. 人員簽到管理

會議組織部門或單位應編制「參會人員簽到表」，參會人員在預先準備的「簽到表」上簽名以示到會。

2. 會場服務

會場服務主要包括座位引導、分發文件、維護現場秩序、會議記錄、處理會議過程中的突發性問題等內容。

會議記錄人員應具有良好的文字功底和邏輯思維能力，能獨立記錄並具有較強的匯總概括能力。會議記錄應完整、準確，字跡應清晰可辨。

第 10 條　會後管理。

1. 會後管理主要包括整理會議記錄，形成紀要和決議等結論性文件，檢查落實會議精神，分發材料，存檔及會務總結等工作。

2. 會議記錄人員應在＿＿＿個工作日內草擬會議紀要，經行政部主管審核後，由會議主持人簽發。會議紀要應充分體現會議精神，並具有較強的可操作性。

第4章　會議安排

第 11 條　為避免會議過多或重覆，公司經常性的會議一律實行例會制，原則上按例行規定的時間、地點和內容組織召開。

表 10-2-3　會議內容說明

會議類型	內容
總經理辦公會	研究、部署行政工作，討論決定公司行政工作的重大問題；總結評價當月的生產行政工作情況，安排佈置下月的工作任務
經營管理大會或公司員工大會	總結上季(半年、全年)的工作情況，部署本季(半年、新年)的工作任務，表彰、獎勵先進集體和個人
經營活動分析會	彙報、分析公司計劃執行隋況和經營活動成果，評價各方面的工作情況，肯定成績，指出問題，提出改進措施，不斷提高公司的效益
品質分析會	彙報、總結上月產品品質情況，討論分析品質事故(問題)，研究決定品質改進措施
安全工作會	彙報、總結上季安全生產、治安、消防工作情況，檢查分析事故隱患，研究確定安全防範措施
技術工作會	彙報、總結當月技術改造、新產品開發、科研、技術和日常生產技術準備工作計劃完成情況，佈置下月技術工作任務，研究確定解決有關技術問題的方案
生產調度會	調度、平衡生產進度，研究解決各部門不能自行解決的重大問題
各部門例會	檢查、總結、佈置本部門工作

第 12 條　其他會議的安排。

1. 凡涉及多部門負責人參加的會議，均須於會議召開前＿＿日經部門或分管公司批准後，插辦公室匯總，並由公司辦公室統一安排，方可召開。

2. 行政部每週六應統一平衡編制《會議計劃》並裝訂，分發到公司相關部門。

3. 對於已列入《會議計劃》的會議，如需改期或遇特殊情況需安排其他會議時，會議召集部門應提前＿＿天報請行政部並經公司同意。

4. 對於參加人員相同、內容接近、時間段雷同的會議，公司有權安排合併召開。

5. 各部門會期必須服從公司統一安排，各部門小會不應安排在與公司例會同期召開（與會人員不發生時間衝突的除外），應堅持小會要服從大會、局部服從整體的原則。

第5章　會議注意事項

第 13 條　會議注意事項。

1. 發言內容是否偏離議題。

2. 發言目的是否出於個人利益。

3. 全體人員是否專心聆聽發言。

4. 發言者是否過於集中針對某些人。

5. 某個人的發言是否過於冗長。

6. 發言內容是否朝著結論推進。

7. 在必須延長會議時間時，應在取得大家的同意後再延長會議時間。

第 14 條　召開會議時需遵守如下要求。

1. 嚴格遵守會議時間。

2. 發言時間不可過長（原則上以＿＿＿分鐘為限）。

3. 發言內容不可對他人進行人身攻擊。

4. 不可打斷他人的發言。

5. 不要中途離席。

第 6 章　會議室日常管理

第 15 條　會議室由行政部指定專人負責管理，統一安排使用。

第 16 條　各部門若需使用會議室，需提前向行政部提交申請，由行政部統一安排。

表 10-2-4　會議室使用申請表

申請使用部門：					
日期	召開會議時間	會議名稱	主持人	參會人數	備註
行政部意見					

第 17 條　各部門在使用會議室的過程中，要注意保持衛生，禁止吸煙，愛護室內設備。

第 18 條　未徵得公司同意，任何人不得將會議室內所使用的設備、工具、辦公用品拿出會議室或挪作他用。

第 19 條　會議室的環境衛生由行政部派專人負責，在每次會議召開前後均要認真打掃，並做好日常清潔工作。

第 20 條　會議室使用完畢後，應隨時關閉門窗和全部設施設備電源，切實做好防火、防盜及其他安全工作。

第 21 條　會議室的鑰匙由行政部派專人管理。

第 7 章　附則

第 22 條　行政部負責本制度的起草工作。

第 23 條　本制度自頒佈之日起實行。

附錄 3　會議管理表格示範

表 10-3-1　會議申請審批表

會議名稱	
會議時間	年　月　日至　　年　月　日　會期　天
會議地點	
會議主題	
參加人	
經費預算	總計　　　　元(附預算清單)
申報部門	
經辦人	
申報部門 意見	年　月　日
申報部門 負責人	
財務部門 審核意見	年　月　日
財務部門 負責人	
主管領導 審批意見	年　月　日
備註	

表 10-3-2　　會議議程安排表

會議名稱		
會議目的		
會議時間		
會議地點		
出席人員		
會議主持		
時間安排	主講人/發言人	發言主題
備註		
時間安排	主講人/發言人	分主題
注意事項		

表 10-3-3　　會議簽到表

會議名稱				
會議時間				
會議地點				
會議主題				
姓名	部門	職務	聯繫方式	
			手機	E-mail

表 10-3-4　　會議通知

意見回饋：

　　會議通知已設回執，若您不能參加會議請向召集會議的秘書請假。若您不回饋，即默認為能夠準時參加。

時間	
地點	
會議主題	
召集人	
與會人	
紀要人	
會議議程	
附件	
輔助儀器	

表 10-3-5　　簽到表

姓名	部門	職位	職稱	備註

表 10-3-6　　會議記錄表

會議名稱	
會議時間	
會議地點	
會議主題	
出席人	
列席人	
缺席人	
主持人	記錄人

發言記錄	
發言人	發言紀要

審閱簽字：

年　　月　　日

表 10-3-7　會議紀要表

會議名稱			
會議時間			
會議地點			
會議主題			
主持人			
記錄人			
簽發人		簽發時間	
議定	1.		
	2.		
	3.		
	……		
未決事項	1.		
	2.		
	3.		
	……		

表 10-3-8　會議決議表

會議名稱			
會議時間			
會議地點			
會議主題			
主持人			
記錄人			
簽發人		簽發時間	
議定			
表決情況	共＿＿進行表決，其中贊成＿＿票，反對＿＿票，棄權＿＿票。 共＿＿進行表決，其中贊成＿＿票，反對＿＿票，棄權＿＿票。 共＿＿進行表決，其中贊成＿＿票，反對＿＿票，棄權＿＿票。		
有關說明			
與會人員 會簽			

表 10-3-9　　會議決議落實回執

會議名稱	
會議時間	
會議地點	
會議主題	
會議決議落實表接收方簽收信息	

姓名	部門	職務	聯繫方式

表 10-3-10　　會議決議落實通知單

會議名稱				
會議時間				
會議地點				
會議主題				
會議決議落實通知				
會議決議內容	負責人	需要落實的細節		
落實表接收人	姓名	部門	職務	聯繫方式

表 10-3-11　　會議決議跟蹤表

會議名稱	
會議時間	
會議地點	
會議主題	
會議決議跟蹤	

會議決議內容	負責人	進展情況	調查時間	跟蹤人

備註	

製表人：　　　　　　　　　　　　　　製表日期：

表 10-3-12　　會議決定事項催辦通知單

辦通編號	通字[ ]號	催辦人	
催辦內容		催辦日期	
受催部門		聯繫人	聯繫電話

臺灣的核心競爭力，就在這裏！

圖 書 出 版 目 錄

憲業企管顧問（集團）公司為企業界提供診斷、輔導、培訓等專項工作。下列圖書是由臺灣的憲業企管顧問（集團）公司所出版，自 1993 年秉持專業立場，特別注重實務應用，50 餘位顧問師為企業界提供最專業的經營管理類圖書。

選購企管書，敬請認明品牌：**憲 業 企 管 公 司**。

1.傳播書香社會，直接向本出版社購買，一律 9 折優惠，郵遞費用由本公司負擔。服務電話(02)27622241 (03)9310960 傳真(03)9310961
2.付款方式：請將書款轉帳到我公司下列的銀行帳戶。
 ‧銀行名稱：合作金庫銀行（敦南分行） 帳號：**5034-717-347447**
  公司名稱：憲業企管顧問有限公司
 ‧郵局劃撥號碼：**18410591** 郵局劃撥戶名：憲業企管顧問公司
3.圖書出版資料每週隨時更新，請見網站 www.bookstore99.com

經營顧問叢書

25	王永慶的經營管理	360 元	122	熱愛工作	360 元
47	營業部門推銷技巧	390 元	125	部門經營計劃工作	360 元
52	堅持一定成功	360 元	129	邁克爾‧波特的戰略智慧	360 元
56	對準目標	360 元	130	如何制定企業經營戰略	360 元
60	寶潔品牌操作手冊	360 元	135	成敗關鍵的談判技巧	360 元
72	傳銷致富	360 元	137	生產部門、行銷部門績效考核手冊	360 元
78	財務經理手冊	360 元			
79	財務診斷技巧	360 元	139	行銷機能診斷	360 元
86	企劃管理制度化	360 元	140	企業如何節流	360 元
91	汽車販賣技巧大公開	360 元	141	責任	360 元
97	企業收款管理	360 元	142	企業接棒人	360 元
100	幹部決定執行力	360 元	144	企業的外包操作管理	360 元

146	主管階層績效考核手冊	360 元
147	六步打造績效考核體系	360 元
148	六步打造培訓體系	360 元
149	展覽會行銷技巧	360 元
150	企業流程管理技巧	360 元
152	向西點軍校學管理	360 元
154	領導你的成功團隊	360 元
155	頂尖傳銷術	360 元
160	各部門編制預算工作	360 元
163	只為成功找方法，不為失敗找藉口	360 元
167	網路商店管理手冊	360 元
168	生氣不如爭氣	360 元
170	模仿就能成功	350 元
176	每天進步一點點	350 元
181	速度是贏利關鍵	360 元
183	如何識別人才	360 元
184	找方法解決問題	360 元
185	不景氣時期，如何降低成本	360 元
186	營業管理疑難雜症與對策	360 元
187	廠商掌握零售賣場的竅門	360 元
188	推銷之神傳世技巧	360 元
189	企業經營案例解析	360 元
191	豐田汽車管理模式	360 元
192	企業執行力（技巧篇）	360 元
193	領導魅力	360 元
198	銷售說服技巧	360 元
199	促銷工具疑難雜症與對策	360 元
200	如何推動目標管理（第三版）	390 元
201	網路行銷技巧	360 元
204	客戶服務部工作流程	360 元
206	如何鞏固客戶（增訂二版）	360 元
208	經濟大崩潰	360 元
215	行銷計劃書的撰寫與執行	360 元
216	內部控制實務與案例	360 元
217	透視財務分析內幕	360 元
219	總經理如何管理公司	360 元
222	確保新產品銷售成功	360 元
223	品牌成功關鍵步驟	360 元
224	客戶服務部門績效量化指標	360 元

226	商業網站成功密碼	360 元
228	經營分析	360 元
229	產品經理手冊	360 元
230	診斷改善你的企業	360 元
232	電子郵件成功技巧	360 元
234	銷售通路管理實務〈增訂二版〉	360 元
235	求職面試一定成功	360 元
236	客戶管理操作實務〈增訂二版〉	360 元
237	總經理如何領導成功團隊	360 元
238	總經理如何熟悉財務控制	360 元
239	總經理如何靈活調動資金	360 元
240	有趣的生活經濟學	360 元
241	業務員經營轄區市場（增訂二版）	360 元
242	搜索引擎行銷	360 元
243	如何推動利潤中心制度（增訂二版）	360 元
244	經營智慧	360 元
245	企業危機應對實戰技巧	360 元
246	行銷總監工作指引	360 元
247	行銷總監實戰案例	360 元
248	企業戰略執行手冊	360 元
249	大客戶搖錢樹	360 元
250	企業經營計劃〈增訂二版〉	360 元
252	營業管理實務（增訂二版）	360 元
253	銷售部門績效考核量化指標	360 元
254	員工招聘操作手冊	360 元
256	有效溝通技巧	360 元
258	如何處理員工離職問題	360 元
259	提高工作效率	360 元
261	員工招聘性向測試方法	360 元
262	解決問題	360 元
263	微利時代制勝法寶	360 元
264	如何拿到 VC（風險投資）的錢	360 元
267	促銷管理實務〈增訂五版〉	360 元
268	顧客情報管理技巧	360 元
269	如何改善企業組織績效〈增訂二版〉	360 元

270	低調才是大智慧	360 元
272	主管必備的授權技巧	360 元
275	主管如何激勵部屬	360 元
276	輕鬆擁有幽默口才	360 元
278	面試主考官工作實務	360 元
279	總經理重點工作（增訂二版）	360 元
282	如何提高市場佔有率（增訂二版）	360 元
283	財務部流程規範化管理（增訂二版）	360 元
284	時間管理手冊	360 元
285	人事經理操作手冊（增訂二版）	360 元
286	贏得競爭優勢的模仿戰略	360 元
287	電話推銷培訓教材（增訂三版）	360 元
288	贏在細節管理（增訂二版）	360 元
289	企業識別系統 CIS（增訂二版）	360 元
290	部門主管手冊（增訂五版）	360 元
291	財務查帳技巧（增訂二版）	360 元
292	商業簡報技巧	360 元
293	業務員疑難雜症與對策（增訂二版）	360 元
295	哈佛領導力課程	360 元
296	如何診斷企業財務狀況	360 元
297	營業部轄區管理規範工具書	360 元
298	售後服務手冊	360 元
299	業績倍增的銷售技巧	400 元
300	行政部流程規範化管理（增訂二版）	400 元
302	行銷部流程規範化管理（增訂二版）	400 元
304	生產部流程規範化管理（增訂二版）	400 元
305	績效考核手冊(增訂二版)	400 元
307	招聘作業規範手冊	420 元
308	喬‧吉拉德銷售智慧	400 元
309	商品鋪貨規範工具書	400 元
310	企業併購案例精華（增訂二版）	420 元

311	客戶抱怨手冊	400 元
312	如何撰寫職位說明書（增訂二版）	400 元
313	總務部門重點工作（增訂三版）	400 元
314	客戶拒絕就是銷售成功的開始	400 元
315	如何選人、育人、用人、留人、辭人	400 元
316	危機管理案例精華	400 元
317	節約的都是利潤	400 元
318	企業盈利模式	400 元
319	應收帳款的管理與催收	420 元
320	總經理手冊	420 元
321	新產品銷售一定成功	420 元
322	銷售獎勵辦法	420 元
323	財務主管工作手冊	420 元
324	降低人力成本	420 元
325	企業如何制度化	420 元
326	終端零售店管理手冊	420 元
327	客戶管理應用技巧	420 元
328	如何撰寫商業計畫書（增訂二版）	420 元
329	利潤中心制度運作技巧	420 元
330	企業要注重現金流	420 元
331	經銷商管理實務	450 元
332	內部控制規範手冊（增訂二版）	420 元
333	人力資源部流程規範化管理（增訂五版）	420 元
334	各部門年度計劃工作（增訂三版）	420 元
335	人力資源部官司案件大公開	420 元
336	高效率的會議技巧	420 元

《商店叢書》

18	店員推銷技巧	360 元
30	特許連鎖業經營技巧	360 元
35	商店標準操作流程	360 元
36	商店導購口才專業培訓	360 元
37	速食店操作手冊〈增訂二版〉	360 元

38	網路商店創業手冊〈增訂二版〉	360 元
40	商店診斷實務	360 元
41	店鋪商品管理手冊	360 元
42	店員操作手冊（增訂三版）	360 元
44	店長如何提升業績〈增訂二版〉	360 元
45	向肯德基學習連鎖經營〈增訂二版〉	360 元
47	賣場如何經營會員制俱樂部	360 元
48	賣場銷量神奇交叉分析	360 元
49	商場促銷法寶	360 元
53	餐飲業工作規範	360 元
54	有效的店員銷售技巧	360 元
55	如何開創連鎖體系〈增訂三版〉	360 元
56	開一家穩賺不賠的網路商店	360 元
57	連鎖業開店複製流程	360 元
58	商鋪業績提升技巧	360 元
59	店員工作規範（增訂二版）	400 元
61	架設強大的連鎖總部	400 元
62	餐飲業經營技巧	400 元
64	賣場管理督導手冊	420 元
65	連鎖店督導師手冊（增訂二版）	420 元
67	店長數據化管理技巧	420 元
68	開店創業手冊〈增訂四版〉	420 元
69	連鎖業商品開發與物流配送	420 元
70	連鎖業加盟招商與培訓作法	420 元
71	金牌店員內部培訓手冊	420 元
72	如何撰寫連鎖業營運手冊〈增訂三版〉	420 元
73	店長操作手冊（增訂七版）	420 元
74	連鎖企業如何取得投資公司注入資金	420 元
75	特許連鎖業加盟合約（增訂二版）	420 元
76	實體商店如何提昇業績	420 元
77	連鎖店操作手冊（增訂六版）	420 元

《工廠叢書》

15	工廠設備維護手冊	380 元
16	品管圈活動指南	380 元
17	品管圈推動實務	380 元
20	如何推動提案制度	380 元
24	六西格瑪管理手冊	380 元
30	生產績效診斷與評估	380 元
32	如何藉助 IE 提升業績	380 元
38	目視管理操作技巧(增訂二版)	380 元
46	降低生產成本	380 元
47	物流配送績效管理	380 元
51	透視流程改善技巧	380 元
55	企業標準化的創建與推動	380 元
56	精細化生產管理	380 元
57	品質管制手法〈增訂二版〉	380 元
58	如何改善生產績效〈增訂二版〉	380 元
68	打造一流的生產作業廠區	380 元
70	如何控制不良品〈增訂二版〉	380 元
71	全面消除生產浪費	380 元
72	現場工程改善應用手冊	380 元
77	確保新產品開發成功（增訂四版）	380 元
79	6S 管理運作技巧	380 元
84	供應商管理手冊	380 元
85	採購管理工作細則〈增訂二版〉	380 元
88	豐田現場管理技巧	380 元
89	生產現場管理實戰案例〈增訂三版〉	380 元
92	生產主管操作手冊(增訂五版)	420 元
93	機器設備維護管理工具書	420 元
94	如何解決工廠問題	420 元
96	生產訂單運作方式與變更管理	420 元
97	商品管理流程控制(增訂四版)	420 元
101	如何預防採購舞弊	420 元
102	生產主管工作技巧	420 元
103	工廠管理標準作業流程〈增訂三版〉	420 元

104	採購談判與議價技巧〈增訂三版〉	420 元
105	生產計劃的規劃與執行（增訂二版）	420 元
106	採購管理實務〈增訂七版〉	420 元
107	如何推動 5S 管理（增訂六版）	420 元
108	物料管理控制實務〈增訂三版〉	420 元
109	部門績效考核的量化管理（增訂七版）	420 元
110	如何管理倉庫〈增訂九版〉	420 元
111	品管部操作規範	420 元

《醫學保健叢書》

1	9 週加強免疫能力	320 元
3	如何克服失眠	320 元
4	美麗肌膚有妙方	320 元
5	減肥瘦身一定成功	360 元
6	輕鬆懷孕手冊	360 元
7	育兒保健手冊	360 元
8	輕鬆坐月子	360 元
11	排毒養生方法	360 元
13	排除體內毒素	360 元
14	排除便秘困擾	360 元
15	維生素保健全書	360 元
16	腎臟病患者的治療與保健	360 元
17	肝病患者的治療與保健	360 元
18	糖尿病患者的治療與保健	360 元
19	高血壓患者的治療與保健	360 元
22	給老爸老媽的保健全書	360 元
23	如何降低高血壓	360 元
24	如何治療糖尿病	360 元
25	如何降低膽固醇	360 元
26	人體器官使用說明書	360 元
27	這樣喝水最健康	360 元
28	輕鬆排毒方法	360 元
29	中醫養生手冊	360 元
30	孕婦手冊	360 元
31	育兒手冊	360 元
32	幾千年的中醫養生方法	360 元
34	糖尿病治療全書	360 元

35	活到 120 歲的飲食方法	360 元
36	7 天克服便秘	360 元
37	為長壽做準備	360 元
39	拒絕三高有方法	360 元
40	一定要懷孕	360 元
41	提高免疫力可抵抗癌症	360 元
42	生男生女有技巧〈增訂三版〉	360 元

《培訓叢書》

11	培訓師的現場培訓技巧	360 元
12	培訓師的演講技巧	360 元
15	戶外培訓活動實施技巧	360 元
17	針對部門主管的培訓遊戲	360 元
21	培訓部門經理操作手冊（增訂三版）	360 元
23	培訓部門流程規範化管理	360 元
24	領導技巧培訓遊戲	360 元
26	提升服務品質培訓遊戲	360 元
27	執行能力培訓遊戲	360 元
28	企業如何培訓內部講師	360 元
29	培訓師手冊（增訂五版）	420 元
31	激勵員工培訓遊戲	420 元
32	企業培訓活動的破冰遊戲（增訂二版）	420 元
33	解決問題能力培訓遊戲	420 元
34	情商管理培訓遊戲	420 元
35	企業培訓遊戲大全(增訂四版)	420 元
36	銷售部門培訓遊戲綜合本	420 元
37	溝通能力培訓遊戲	420 元
38	如何建立內部培訓體系	420 元
39	團隊合作培訓遊戲(增訂四版)	420 元

《傳銷叢書》

4	傳銷致富	360 元
5	傳銷培訓課程	360 元
10	頂尖傳銷術	360 元
12	現在輪到你成功	350 元
13	鑽石傳銷商培訓手冊	350 元
14	傳銷皇帝的激勵技巧	360 元
15	傳銷皇帝的溝通技巧	360 元
19	傳銷分享會運作範例	360 元
20	傳銷成功技巧（增訂五版）	400 元

21	傳銷領袖（增訂二版）	400 元
22	傳銷話術	400 元
23	如何傳銷邀約	400 元

《幼兒培育叢書》

1	如何培育傑出子女	360 元
2	培育財富子女	360 元
3	如何激發孩子的學習潛能	360 元
4	鼓勵孩子	360 元
5	別溺愛孩子	360 元
6	孩子考第一名	360 元
7	父母要如何與孩子溝通	360 元
8	父母要如何培養孩子的好習慣	360 元
9	父母要如何激發孩子學習潛能	360 元
10	如何讓孩子變得堅強自信	360 元

《成功叢書》

1	猶太富翁經商智慧	360 元
2	致富鑽石法則	360 元
3	發現財富密碼	360 元

《企業傳記叢書》

1	零售巨人沃爾瑪	360 元
2	大型企業失敗啟示錄	360 元
3	企業併購始祖洛克菲勒	360 元
4	透視戴爾經營技巧	360 元
5	亞馬遜網路書店傳奇	360 元
6	動物智慧的企業競爭啟示	320 元
7	CEO 拯救企業	360 元
8	世界首富　宜家王國	360 元
9	航空巨人波音傳奇	360 元
10	傳媒併購大亨	360 元

《智慧叢書》

1	禪的智慧	360 元
2	生活禪	360 元
3	易經的智慧	360 元
4	禪的管理大智慧	360 元
5	改變命運的人生智慧	360 元
6	如何吸取中庸智慧	360 元
7	如何吸取老子智慧	360 元
8	如何吸取易經智慧	360 元
9	經濟大崩潰	360 元
10	有趣的生活經濟學	360 元

11	低調才是大智慧	360 元

《DIY 叢書》

1	居家節約竅門 DIY	360 元
2	愛護汽車 DIY	360 元
3	現代居家風水 DIY	360 元
4	居家收納整理 DIY	360 元
5	廚房竅門 DIY	360 元
6	家庭裝修 DIY	360 元
7	省油大作戰	360 元

《財務管理叢書》

1	如何編制部門年度預算	360 元
2	財務查帳技巧	360 元
3	財務經理手冊	360 元
4	財務診斷技巧	360 元
5	內部控制實務	360 元
6	財務管理制度化	360 元
8	財務部流程規範化管理	360 元
9	如何推動利潤中心制度	360 元

為方便讀者選購，本公司將一部分上述圖書又加以專門分類如下：

《主管叢書》

1	部門主管手冊（增訂五版）	360 元
2	總經理手冊	420 元
4	生產主管操作手冊（增訂五版）	420 元
5	店長操作手冊（增訂六版）	420 元
6	財務經理手冊	360 元
7	人事經理操作手冊	360 元
8	行銷總監工作指引	360 元
9	行銷總監實戰案例	360 元

《總經理叢書》

1	總經理如何經營公司（增訂二版）	360 元
2	總經理如何管理公司	360 元
3	總經理如何領導成功團隊	360 元
4	總經理如何熟悉財務控制	360 元
5	總經理如何靈活調動資金	360 元
6	總經理手冊	420 元

《人事管理叢書》

1	人事經理操作手冊	360 元
2	員工招聘操作手冊	360 元

3	員工招聘性向測試方法	360 元
5	總務部門重點工作（增訂三版）	400 元
6	如何識別人才	360 元
7	如何處理員工離職問題	360 元
8	人力資源部流程規範化管理（增訂四版）	420 元
9	面試主考官工作實務	360 元
10	主管如何激勵部屬	360 元
11	主管必備的授權技巧	360 元
12	部門主管手冊（增訂五版）	360 元

《理財叢書》

1	巴菲特股票投資忠告	360 元
2	受益一生的投資理財	360 元
3	終身理財計劃	360 元
4	如何投資黃金	360 元
5	巴菲特投資必贏技巧	360 元
6	投資基金賺錢方法	360 元

7	索羅斯的基金投資必贏忠告	360 元
8	巴菲特為何投資比亞迪	360 元

《網路行銷叢書》

1	網路商店創業手冊〈增訂二版〉	360 元
2	網路商店管理手冊	360 元
3	網路行銷技巧	360 元
4	商業網站成功密碼	360 元
5	電子郵件成功技巧	360 元
6	搜索引擎行銷	360 元

《企業計劃叢書》

1	企業經營計劃〈增訂二版〉	360 元
2	各部門年度計劃工作	360 元
3	各部門編制預算工作	360 元
4	經營分析	360 元
5	企業戰略執行手冊	360 元

請保留此圖書目錄：

　　未來在長遠的工作上，此圖書目錄

可能會對您有幫助！！

在海外出差的………
台灣上班族

愈來愈多的台灣上班族，到大陸工作(或出差)，對工作的努力與敬業，是台灣上班族的核心競爭力；一個

明顯的例子，返台休假期間，台灣上班族都會抽空再買書，設法充實自身專業能力。

[憲業企管顧問公司]以專業立場，為企業界提供最專業的各種經營管理類圖書。

85%的台灣上班族都曾經有過購買(或閱讀)[憲業企管顧問公司]所出版的各種企管圖書。

尤其是在競爭激烈或經濟不景氣時，更要加強投資在自己的專業能力，建議你：

工作之餘要多看書，加強競爭力。

建立企業圖書館

當市場競爭激烈時：

培訓員工，強化員工競爭力
是企業最佳對策

「人才」是企業最大的財富。如何提升人才，是企業永續經營、戰勝對手的核心競爭力。積極培訓公司內部員工，是經濟不景氣時期的最佳戰略，而最快速的具體作法，就是「建立企業內部圖書館，鼓勵員工多閱讀、多進修專業書籍」

建議您：請一次購足本公司所出版各種經營管理類圖書，作為貴公司內部員工培訓圖書。使用率高的（例如「贏在細節管理」），準備 3 本；使用率低的（例如「工廠設備維護手冊」），只買 1 本。

給總經理的話

　　總經理公事繁忙，還要設法擠出時間，赴外上課進修學習，努力不懈，力爭上游。

　　總經理拚命充電，但是員工呢？

　　公司的執行仍然要靠員工，為什麼不要讓員工一起進修學習呢？

　　買幾本好書，交待員工一起讀書，或是買好書送給員工當禮品。簡單、立刻可行，多好的事！

經營顧問叢書 �336　　　　　　　售價：420 元

高效率的會議技巧

西元二〇一九年十一月　　　　　　　　　初版一刷

編著：陳立航　　黃憲仁

策劃：麥可國際出版有限公司（新加坡）

編輯：蕭玲

校對：劉飛娟

發行人：黃憲仁

發行所：憲業企管顧問有限公司

電話：（03）9310960　（02）2762-2241　　0930872873

電子郵件聯絡信箱：huang2838@yahoo.com.tw

銀行 ATM 轉帳：合作金庫銀行　　帳號：5034-717-347447

郵政劃撥：18410591　　憲業企管顧問有限公司

江祖平律師顧問：紙品書、數位書著作權與版權均歸本公司所有

登記證：行政業新聞局版台業字第 6380 號

本公司徵求海外版權出版代理商（0930872873）

本圖書是由憲業企管顧問（集團）公司所出版，以專業立場，為企業界提供最專業的各種經營管理類圖書。

圖書編號 ISBN：978-986-369-085-6